Schrader-Typen-Chronik

Simson Schwalbe & Co

Simson Schwalbe & Co

1955–1991

SCHRADER-TYPEN-CHRONIK

Simson Schwalbe & Co

Simson Schwalbe & Co

1955–1991

Eine Dokumentation von Frank Rönicke

Motor buch Verlag

Einbandgestaltung: Dos Luis Santos
Titelbild: Archiv des Autors

Bildnachweis:
Die zur Illustration dieses Buches verwendeten Aufnahmen stammen vom Verfasser. Abgebildete Prospektseiten und Teile davon sind urheberrechtlich der TLG Gewerbepark Simson GmbH geschützt.

ISBN 978-3-613-02813-5

1. Auflage 2007

Sie finden uns im Internet unter www.motorbuch-verlag.de

Innengestaltung: Medienfabrik GmbH, 71696 Möglingen
Druck und Bindung: Balti Comm, SIA-Riga
Printed in Lettland

Inhalt

	Vorwort	
1.	Die Geschichte der Simson-Mopeds	Seite 8
2.	Die erste Moped-Generation	Seite 16
3.	Die Schwalbe	Seite 26
4.	Vogelserie und Mofa SL 1	Seite 34
5.	S 50 – die dritte Generation	Seite 48
6.	S 51 und S 70	Seite 56
7.	SR 50/80	Seite 66
8.	Die letzten DDR-Mokicks	Seite 72
9.	Simson im Motorsport	Seite 76
10.	Technische Daten und Produktionszahlen	Seite 88

simson

VORWORT

Mehr als 20 Jahre sind vergangen, seit die letzte »Schwalbe« mit der offiziellen Bezeichnung KR 51/2 die hängenden Montagebänder des Simson-Werkes in Suhl verlassen hat. Über eine Million Exemplare dieses skurrilen Kleinrollers (dafür steht das »KR«) waren seit dem Serienstart 1964 gebaut worden und selbst in den achtziger Jahren musste die kaum nachlassende Zahl der Interessenten noch bis zu fünf Jahre auf das bestellte Fahrzeug warten. Noch heute sieht man die neben dem Trabant zum DDR-Kultfahrzeug avancierte Schwalbe gelegentlich im Straßenverkehr – nicht nur auf ostdeutschen Straßen. Doch speziell hier gehören die Mokicks der S 51-Reihe, deren Produktion nun ebenfalls bereits vor 17 Jahren endete, immer noch zum alltäglichen Straßenbild. Schon seit dem Moped-Erstling SR 1 von 1955 galten die Suhler Fahrzeuge der Schnapsglasklasse als robust, pflegeleicht und nahezu unverwüstlich. Zweifellos auf Grund der Zwänge sozialistischer Planwirtschaft internationalen Trends ständig hinterher laufend, konnten die Thüringer Ingenieure doch immer wieder ihre konstruktiven Fähigkeiten unter Beweis stellen und durften – anders als die Trabant- und Wartburgbauer – in schöner Regelmäßigkeit neue Modelle auf den ostdeutschen Markt bringen und in nicht nur osteuropäische Länder exportieren. Der 1979 zuerst in der Schwalbe, dann in der S 51-Reihe eingesetzte Motor M 541 erntete von internationalen Spezialisten – auch aus Fernost – hohe Anerkennung und trieb die Simson-Fünfziger mit nur geringfügigen Änderungen bis zum endgültigen Aus der Marke im Jahre 2002 an.

Mitte der achtziger Jahre verließen täglich rund 800 Mokicks und Kleinroller das mehr und mehr dem Verschleiß und dem Verfall preisgegebene Fabrikgelände. Weit über 200.000 jährlich produzierte Fahrzeuge machten Simson zum europäischen Marktführer!

Und weit über fünf Millionen kleiner Zweitakt-Motorräder hatten die Suhler Montagehallen seit 1955 verlassen, als sich am 31.September 1991 die Werkstore endgültig hinter den letzten der ehemals 7 500 Simson-Mitarbeiter schlossen. Einer der zu DDR-Zeiten größten Arbeitgeber in Thüringen musste der neuen Marktordnung des Westens seinen Tribut zollen. Niemand in der westlichen Welt hatte auf die Simson-Fahrzeuge gewartet. Und die östliche konnte sich die Suhler Zweiräder nach Einführung der D-Mark nicht mehr leisten. Für die Ex-DDR-Kundschaft – es war noch nicht lange her, da musste sie viele Jahre auf die begehrte Schwalbe warten – hatten zudem andere Konsuminteressen Vorrang...

Während das schleichende Siechtum der Marke Simson in den neunziger Jahren des vorigen Jahrhunderts in diesem Band der Schrader Typen Chronik nur angerissen wird, soll das Buch an Hand von Verkaufsprospekten, Werksbildern und ausgesuchter Buch- und Zeitschriftenwerbung vor allem die DDR-Zeit der Simson-Mopeds dokumentieren. Ein zweifellos interessanter Blick in die Geschichte der deutschen Zweiradindustrie.

Frank Rönicke

1

DIE GESCHICHTE DER SIMSON-MOPEDS

Im Herbst 1953 entschied eine Arbeitsgruppe des Maschinenbau-Ministeriums über den Standort des künftig in der DDR in Großserie zu bauenden Mopeds. Die Fachleute sahen, nicht zu Unrecht, in Suhl die idealen Voraussetzungen für eine möglichst kurzfristig zu startende Moped-Produktion.
Hier, wo 1856 die Brüder Simson das »Suhler Eisenwerk« gegründet hatten, waren seit 1896 Fahrräder, ab 1911 Automobile und ab 1936 Motorfahrräder gebaut worden. Allerdings blieben Waffen stets das Hauptgeschäft der Thüringer Firma. Nach dem Zweiten Weltkrieg und der zwischenzeitlichen Inbesitznahme des Werkes durch die Sowjets begann 1949 die Fertigung der berühmten AWO. Kinderwagen und Fahrräder waren weitere Produktionseckpfeiler.
Im Westen Deutschlands hatte der Moped-Boom inzwischen einen ersten Höhepunkt erreicht. Hier durften die in verstärkte Fahrrad-Rahmen eingesetzten Motoren mit Pedalen (Mo-ped) nicht mehr als 50 ccm Hubraum besitzen und das Fahrzeug, das maximal 33 Kilogramm auf die Waage zu bringen hatte, nicht schneller als 40 km/h sein. Die ostdeutsche Konstruktion hielt sich da nur an die Hubraumgröße, ansonsten setzten die Suhler Ingenieure eigene Maßstäbe. Während sie am Fahrgestell feilten, waren Zschopauer Zweitakt-Spezialisten dabei, den Motor zu entwickeln und

Zu Beginn der Moped-Fertigung wurden bei Simson auch noch Fahrräder gebaut. Aus Kapazitätsgründen musste diese Fertigung 1957 eingestellt werden.

Das Simson-Programm von 1958. Drei Jahre später musste auch das einzig noch verbliebene Viertakt-Motorrad der DDR den Mopeds und Kleinrollern weichen.

Mitte der sechziger Jahre wurden für die Vogelserie spezielle Werbeaufnahmen mit historischen Beigaben gemacht.

serienreif zu machen. Als Standort für die Motorenfertigung bestimmten Regierungsvertreter den VEB Büromaschinenwerk Rheinmetall in Sömmerda, der davon alles andere als begeistert war und sich immer wieder als echter Hemmschuh erwies. Im Juni 1955 begann nach vielen Schwierigkeiten schließlich die Serienfertigung des »SR 1« (S für Suhl, R für Rheinmetall). Mit seinen dünnen Blechteilen, dem Einrohrrahmen und den großen 26-Zoll-Rädern erinnerte das erste Suhler Moped den Betrachter noch sehr an ein Fahrrad. Aber damit lag die thüringische Neuschöpfung durchaus im Trend. Im Inland konnte das neue Moped für 990 Mark (Ost) erworben werden. Einzige Lackierung blieb hier »Maron«. Mit verchromten Naben, Alufelgen und Farbgebungen in Beige, Blau oder Lindgrün geriet das SR 1 schnell zum Exportschlager – nicht nur im sozialistischen Ausland.

Ab Frühjahr 1957 lief als Nachfolgetyp das »SR 2« von den Hängebändern. 23 Zoll-Räder, tief gezogene Kotflügel, ein größerer Tank und ein stabiler Gepäckträger waren die äußeren Unterscheidungsmerkmale des nun nicht mehr so fahrradähnlichen Kraftrades. Der Motor Rh 50II konnte mit dem Pedaltrieb im Stand angeworfen werden, während das SR 1 vorher noch ein paar Meter fahrradmäßig fortbewegt werden musste.

1050 Mark kostete das neue Modell in den Farben Maron und Beige-grau. Für den Export gab es schicke Zweifarben-Lackierungen.
Eigentlich nur für den Export vorgesehen (der Anteil ins Ausland gelieferter Mopeds betrug zeitweise über 30 %) schickte Simson im Dezember 1959 eine verbesserte Version, jetzt »SR 2E« genannt (E für Export), ins Rennen. Aufgrund der mehr und mehr hinter westlichem Niveau zurückbleibenden Technik des SR 2, löste das E-Modell den Grundtyp gleichzeitig auch im Inland ab. Die wesentlichsten Änderungen betrafen die Radführungen, die Leistung des Motors, und frische Farben sollten schließlich auch die Importeure in jetzt schon 45 Ländern bei Laune halten. Aber das fiel schwer. International hatte sich für die kleinen 50-ccm-Krafträder längst die Bauweise mit Schalenrahmen sowie moderneren Fahr- und Triebwerken durchgesetzt. Freilich hatten auch die Suhler ein solches Fahrzeug im Petto, durften es aber, staatlich verordnet, nicht produzieren. Grund: der Mangel an Karosserieblech in der DDR. Die Folgen bekam Simson 1963 zu spüren, als die Produktionszahlen weiter nach oben stiegen, der Verkauf aber stagnierte. Das SR 2E wurde, trotz möglicher Ratenzahlung, auf Halde produziert.

Spatz (links) und Sperber markierten die untere und obere Leistungsgrenze der Vogelserie. Beide Maschinen wiesen eine Fahrtwindkühlung auf.

Nach zwölf Jahren wagten sich die Suhler wieder in die Motorrad-Klasse zurück: Sie stellten dem S 51-Comfortmodell eine auf 70 ccm Hubvolumen aufgebohrte Variante zur Seite.

1 Das neue Spitzenmodell der Mokick-Baureihe mit 50 cm³ in Straßenausführung: das S 51 C (wie comfort) in Weißlackierung – hier abgestellt auf dem zusätzlichen Seitenständer

2 Geschwärzter Motor des S 51 C. Der mattschwarze Lack verbessert den Korrosionsschutz und die Wärmeabstrahlung

3 Kickstarterseite des S 51 C; der Kickstarter ist hier klappbar

4 Die Lackierung in knalligem Rot ist ein Kennzeichen des Leichtkraftrades S 70 C, bei dem Rahmenunterzüge für zusätzliche Rahmensteifigkeit sorgen

5 Dank 70 cm³ und 4,1 kW (5,6 PS) bei 6000 U/min erreicht das S 70 C maximal 75 km/h. Drehzahlmesser und Tachometer gestatten die Kontrolle der jeweiligen Werte

6 „Simson" mit polizeilichem Kennzeichen – wesentliches Unterscheidungsmerkmal vom S-51-Mokick

Fotos: Böttcher (6)

Die letzte Betriebszeitung der inzwischen zur »Simson Fahrzeug GmbH« gewandelten Firma sprach von Hoffnung, die sich jedoch kaum erfüllte.

DER MOTOR

Betriebszeitung der Simson Fahrzeug GmbH Suhl

LETZTE AUSGABE

Das allerletzte Halali oder doch noch Hoffnung?

Unser aktuelles Interview mit dem Chefkonstrukteur unseres Betriebes, Herrn Heinz Recknagel – Seite 2

Wer sagt da, wir hätten nichts gekonnt?

Dazu lesen Sie auf unseren Seiten 6 und 7

Knallharte Männer auf hervorragenden Maschinen . . .

. . . erfreuen die Simson-Werker und brachten manchen Pessimisten zum Staunen – Lesen die Simson-Sporterfolge auf den Seiten 8, 9, 10.

Bevor im Betrieb alle Lichter ausgehen . . .

Eine Betrachtung der Redaktion der Betriebszeitung vor dem entgültigem Redaktionsschluß

Praktisch von der Geburt an wollen wir in dieser Ausgabe den Weg unseres Betriebes nachverfolgen. Unser Bestreben war es, den Arbeitnehmern im Betrieb noch einmal den Werdegang unseres Betriebes vom Jahre 1856 an bis zu seiner Liquidierung am 31. 12. 1991, vor Augen zu führen. Vielleicht gibt es einige, die sagen: Was soll's, es ist aus und vorbei, aber es wird auch einige geben, die diese Zusammenstellungen als Andenken aufbewahren möchten. Zeigen sie doch, wie der Betrieb durch alle Wirren der Jahrzehnte hindurch bestehen blieb, Krisen und Inflation trotzte und auch die zwei Weltkriege überlebte. Und sie bringen auch den Fleiß und das Können der Ingenieure, Techniker, Arbeiter, Angestellte und unserer Sportler der Sportabteilung in all den Jahren zum Ausdruck, was mit dieser Ausgabe noch einmal besonders gewürdigt werden soll.

Die Redaktion

Karl und Emil lassen nochmal die Katze aus dem Sack

Der Betriebsrat meldet sich noch einmal zu Wort

Auch für das 30 km/h langsame Mofa musste eine Führerscheinprüfung abgelegt und ein Helm getragen werden. Da setzte sich die umworbene Klientel doch lieber gleich auf einen Star oder eine Schwalbe.

Vom Blechmangel betroffen war auch der seit Juni 1958 in Produktion befindliche Kleinroller »KR 50«. Für seine üppige Verkleidung stand nie genügend Material zur Verfügung, was schon den Kaufinteressenten des Schwalbe-Vorläufers monatelang Geduld abverlangte. Für 1150 Mark erhielt man schließlich ein unkonventionelles Zweirad, das vor Schmutz und Nässe schützte und mit guten Fahrleistungen aufwartete.

Der Nachfolger des KR 50, die legendäre »Schwalbe« (KR 51), begründete zu Beginn des Jahres 1964 die zweite Suhler Kleinkraftrad-Generation, die berühmte »Vogelserie«. Neben der Rahmen- und Fahrwerksentwicklung waren die Suhler Techniker inzwischen auch gezwungen, ein neues Triebwerk selbst zu konstruieren und dessen Fertigung nach Suhl zu verlegen. Die zukunftsweisende Motor-Konstruktion konnte mit drei oder vier Getriebegängen, Hand- oder Fußschaltung, mit Leistungen von 2 bis 4,6 PS, fahrtwind- oder zwangsgekühlt, mit automatischer Anfahr- oder Schaltkupplung gefertigt werden.

Der neue Kleinroller erhielt als erster die Simson-Antriebseinheit. Mit drei Gängen (zunächst noch handgeschaltet), 3,4 PS und Gebläsekühlung werkelte sie vier Jahre lang unter dem Blechtunnel und durfte den zweisitzigen Roller, mit behördlicher Genehmigung, 60 km/h schnell machen.

22 Produktionsjahre ließen die »Schwalbe« äußerlich zwar nahezu unverändert erscheinen, unter dem Blechkleid passten die Simson-Ingenieure den Kleinroller aber immer wieder dem aktuellen Entwicklungsstand an. 1979 hielt die dritte, fahrtwindgekühlte Motorengeneration in der »Schwalbe« Einzug. Leicht gesteigerte Leistung, 10 % weniger Kraftstoff-

verbrauch, Mischungsschmierung 1:50 und drei- oder viergängiges Ziehkeilgetriebe waren die wichtigsten Retuschen. Ein nach rechts verlegter Auspuff kennzeichnete die neue Modellreihe. Weitere Simson-Vögel flogen aus dem Nest: Im Sommer 1964 löste der »Spatz« das SR 2E ab und war für die nächsten Jahre das Suhler Einstiegs-Modell zum unverändert gebliebenen Preis. Der Rahmen, eine Kombination aus nahtlosem Rohr und einem aus zwei Schalen bestehenden Sitzträger, bildete auch das Rückgrat der anderen Vogel-Modelle. Ebenso waren Räder, Federbeine, Kettenkapselung und Bremsen dem neuen Baukasten entnommen. Lediglich der alte Sömmerdaer Zweigang-Motor und die vordere Radaufhängung stammten noch vom SR 2E. Wenige Wochen nach Produktionsbeginn wurde dem SR 4-1P (Pedale) das SR 4-1K mit Kickstarter zur Seite gestellt. Die Motorleistung ließ nur 50 km/h zu, womit der Spatz unter anderem auch den westdeutschen Zulassungsbestimmungen entsprach und hier für 548 DM angeboten wurde.

Kurz nach dem »Spatz« lief die Produktion des Stars unter den Vögeln an. Und so hieß er dann auch, der 1200 Mark teure SR 4-2 mit Vollschwingenfahrwerk, Doppelsitzbank und gefälligem Finish. Besonders die Jugend fuhr auf das sportliche Mokick ab und musste immer längere Lieferfristen in Kauf nehmen.

Für Motorrad-Einsteiger brachte Simson 1966 das SR 4-3 »Sperber« auf den Markt. Auf dem »Star« basierend, verfügte dieser Vogel unter anderem über einen fahrtwindgekühlten, 4,6 PS starken und mit Vierganggetriebe ausgerüsteten Motor, eine verlängerte Sitzbank, einen 9,3 Liter fassenden Knieschluss-Tank und hydraulisch gedämpfte Federbeine. Der Absatz blieb aber hinter den Erwartungen zurück; Steuer- und Versicherungskosten und vor allem der geforderte Motorrad-Führerschein für das 75 km/h schnelle Kleinkraftrad hielten die Kundschaft ab. Aus der Not eine Tugend machend, ersetzte Simson 1972 den zu starken Motor durch denjenigen des »Stars«, übernahm das Vierganggetriebe und auch sonst bis auf die Lackierung fast alles vom »Sperber« und hatte so den SR 4-4 »Habicht« kreiert, der wieder für steigende Umsätze sorgte.

1968 – die Vögel flogen auf Hochtouren – wurden die Moped-Produzenten mit dem Suhler Jagdwaffenwerk zum »VEB Fahrzeug- und Jagdwaffenwerk Ernst Thälmann Suhl« vereinigt und zwei Jahre später mit MZ Zschopau und dem Mifa-Fahrradwerk Sangerhausen in das IFA-Kombinat für Zweiradfahrzeuge integriert.

Am westlichen Markt orientiert und um breitere Käuferschichten zu erschließen, brachte Simson 1970 das Mofa »SL 1« mit 1,6 PS-Motor und 30 km/h Dauergeschwindigkeit heraus. Großer Durchstieg, Gepäckträger vorn, Tank hinter dem Sattel und die kräftige Ballonbereifung prägten das Erscheinungsbild des Mofas. Trotz später eingeführter Federung des Vorderrades half es nichts: Das Mofa, das auch nur mit Führerschein und Helm gefahren werden durfte, wollte sich vor allem im Ausland nicht recht verkaufen. Am 31. März 1972 wurde das Intermezzo nach 60.000 produzierten Exemplaren beendet.

Inzwischen lief in Suhl die Vorbereitung des Serienstarts der dritten Kleinkraftrad-Generation, die allerdings um einige Jahre zu spät kam. Die S 50-Mokicks hatten mit dem ursprünglichen Moped bis auf einen 50-ccm-Motor nichts mehr gemein. Endgültig hatte sich ein sportlicher Motorrad-Charakter mit Zentralrohrrahmen, elastischer Motoraufhängung, hydraulisch gedämpften Federbeinen hinten und Telegabel vorn, durchgesetzt. Der halbhohe Lenker, ein großer Tank (9,5 l) mit Knieschluss, die lange Doppelsitzbank und ein Motorrad-Gepäckträger prägten außerdem die Linienführung. Räder und Bremsen blieben die Altbewährten. So auch der Dreigangmotor, der jetzt 3,6 PS leistete. Die Höchstgeschwindigkeit blieb bis zum Ende der DDR auf 60 km/h festgeschrieben.

1978 vermittelte ein neu gestalteter Kraftstofftank dem S 50 eine noch gestrecktere, sportlichere Linie. Auch antriebsmä-

Nach 22 Produktionsjahren löste der neue Mokick-Roller SR 50 die gute alte Schwalbe ab.

Fototermin an der Donau in Rumänien. 1979 startete die Zeitschrift **Kraftfahrzeugtechnik** mit zwei S 50 B2 eine 5000-km-Testfahrt durch Europa.

ßig wurde noch einmal nachgebessert. Der bereits 1979 für die Schwalbe verwendete Motor hielt Anfang 1980 auch bei den Mokicks Einzug. Die großzügige Verrippung von Zylinder und Zylinderkopf prägte die charaktervolle Erscheinung. S 51 hieß die neue, auch am Flachscheinwerfer erkennbare Mokick-Reihe, die eine bisher nie gekannte Modellvielfalt entwickelte. Die Enduro- und Comfort-Modelle gab es ab 1983 auch mit aufgebohrtem Motor als S 70E und S 70C. Eine letzte Änderung der Mokick-Palette zu DDR-Zeiten erschien dann noch einmal 1989: Die Typen S 51/1B, S 51/1E, S 51/1C und S 70/1E erhielten 12 Volt Bordspannung und Halogenbeleuchtung für die gehobene Klasse.
1986, nach wiederholtem Anlauf und 1,06 Millionen produzierten »Schwalben«, durfte dieses Suhler Urgestein endlich durch eine Neukonstruktion ersetzt werden. Und die zeigte, dass es immer noch genügend fachliche Kompetenz in der DDR gab, um moderne Kraftfahrzeuge zu entwickeln. Eine Telegabel mit 130 mm Federweg, kleine 12-Zoll-Räder und eine üppige Sitzbank waren die markantesten Punkte des »Mokick-Rollers« SR 50. Dazu gesellten sich unter anderem eine Hinterradschwinge mit verstellbaren Federbeinen, die Vierleuchten-Blinkanlage und ein weißer, sichtbarer Kunststofftank unter dem Sitzbankvorderteil. Die Modellvielfalt war ähnlich, wie bei den Mokicks gestaltet, wobei es ab 1987 dann das Comfort-Modell SR 50CE erstmals mit Elektrostarter gab. Ab diesem Jahr fand auch der auf 70 ccm aufgebohrte Motor im Roller SR 80CE Verwendung.

Für Simson bedeuteten die Mitte der 80er Jahre festgelegten Beschränkungen im Zweiradbau den Abschied vom S 52, einem in der Entwicklung befindlichen Mokick mit grundlegend überarbeitetem Fahrwerk (z. B. hinteres Zentralfederbein), das zum Ende des Jahrzehnts die S 51-Reihe ablösen sollte.
Statt dessen stellte Simson auf der Leipziger Herbstmesse 1989 eine Mokick-Studie mit der Bezeichnung S 53 vor, deren Serienumsetzung zu dieser Zeit noch in den Sternen stand. Diese fielen nach dem 9. November 1989 aber auch in Suhl bald vom Himmel, so dass mit Hochdruck an der Produktionsumstellung gearbeitet wurde. Dabei galt es lediglich, Designänderungen der Anbauteile an das altbewährte Fahr- und Triebwerk anzupassen. Eine angedeutete Kanzel um den Scheinwerfer herum, ein neuer Tank, neue Seitenteile und schließlich ein neuer hinterer Kotflügel aus Kunststoff ließen das neue Mokick tatsächlich nicht schlecht aussehen. Die Sitzbank übernahmen die Konstrukteure vom SR 50/80. Als das Fahrzeug dann im September 1990 endlich auf den inzwischen nicht wieder zu erkennenden Markt kam, galten die alten Werte nichts mehr. Die bis Ende 1991 vorgestellten acht Modellvarianten wurden zum Teil nicht einmal mehr mit Losgrößen in Serie gebaut.
Mit Wirkung vom 1.Mai 1990 erfolgte die Umstrukturierung des Simson-Werkes und der Fahrzeugbetrieb firmierte nun als »Simson Fahrzeug GmbH Suhl« und war, wie alle anderen ehemaligen VEB, der Treuhand unterstellt.
30.000 verkaufte Fahrzeuge in 1991 hätten den Suhlern eine Verschnaufpause verschafft. Nicht mal 20 % dieser Vorgabe bedeuteten am 31.Dezember 1991 jedoch das endgültige Aus.
Alles was in den Jahren danach mit diversen Umfirmierungen, Besitzerwechseln und ständiger Reduzierung der Belegschaft (2002 waren es noch 80 Mitarbeiter) folgte, war das schleichende Siechtum einer einst großen deutschen Kraftfahrzeug-Marke. Kurz aufflackernde Strohfeuer, wie etwa die Einführung des neuen Star-Rollers 1996, erwiesen sich als trügerisch und konnten das endgültige Ende von Simson lediglich bis zum Herbst 2002 hinauszögern.

2

DIE ERSTE MOPEDGENERATION

Sparsame Verwendung von Blech und große Laufräder erinnerten noch sehr an ein Fahrrad, aber damit lag das SR 1 durchaus noch im Trend jener Zeit.

Bei dem ersten, von DKW-IFA-Spezialisten in Zschopau konstruierten Moped-Motor, musste man bei eingelegtem ersten Gang ein Stück Rad fahren und dann einkuppeln, um ihn in Gang zu setzen.

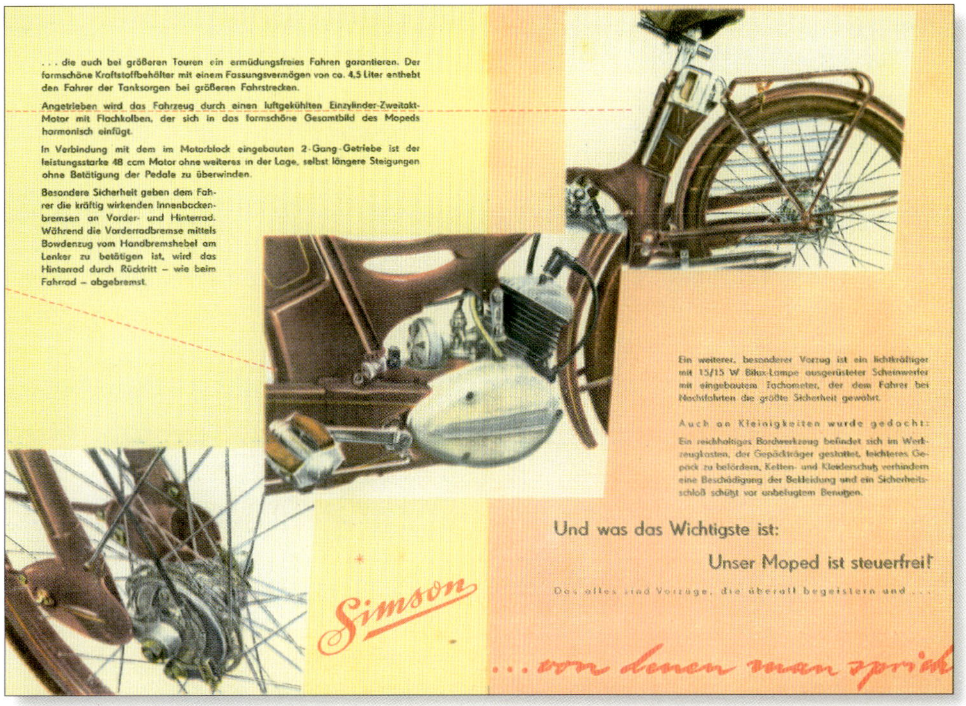

SR 1

Die Gefühle in Suhl waren gemischt, als bekannt wurde, dass man den Zuschlag für die Mopedproduktion, um die man sich nicht beworben hatte, bekam. Niemand konnte zu diesem Zeitpunkt ahnen, dass Simson einmal einer der weltgrößten Hersteller von 50-ccm-Motorrädern sein würde.

Nach einigen Skizzen im November 1953 lag am 31. März 1954 ein Entwurf zur Mopedfertigung in Suhl vor. Nachdem der Motor ja von Spezialisten des IFA-Motorradwerkes in Zschopau konstruiert worden war, hatten die Suhler Ingenieure wenig Mühe, ein geeignetes Fahrwerk zu entwickeln. Seit mehr als einem halben Jahrhundert wurden bei Simson Fahrräder gebaut, und das BSW-Motorfahrrad, sozusagen Urahn der Suhler Mopeds, hatte ein Übriges getan, die Konstrukteure, allen voran Rudolf Plarre, mit dem nötigen Wissen auszustatten. Von westlichen Vorbildern ließ man sich tatsächlich kaum leiten, und es lagen auch keine staatlichen Forderungen vor, westliche Gesetzgebungen in der Konstruktion zu berücksichtigen.

Inzwischen nahmen die Fertigungseinrichtungen in den Räumen der ehemaligen Kinderwagen-Produktion Gestalt an, und bis Ende März 1955 sollten nun die ersten 50 Fahrzeuge des Mopeds Typ »SR 1« (SR = Simson + Rheinmetall – Rheinmetall in Sömmerda übernahm die Motorenfertigung) montiert sein. Tatsächlich aber lief die Produktion – bis Juli konnte von einer wirklichen Serienproduktion noch keine Rede sein – mehr als schleppend an. Mitte Juli kamen die ersten Mopeds in den Handel und für 990 DM an den

Zur Jahresmitte 1955 begann die Serienproduktion des SR 1, dem ersten Moped der DDR. Das Bild zeigte die Titelseite eines der ersten Moped-Verkaufsprospekte.

Schon lange auf das erste DDR-Moped wartend, stürzte sich die DDR-Fachpresse sofort auf das Fahrzeug. Die Titelseite der **Kraftfahrzeugtechnik** war zu dieser Zeit immer noch in Schwarz-Weiß gehalten.

Endverbraucher. Die Nachfrage nach dem durchaus gelungenen und von den Kritikern überwiegend gelobten Kleinkraftrad überstieg schnell den Produktionsausstoß.
Mit seinen dünnen Blechteilen und den großen 26-Zoll-Rädern erinnerte das SR 1 den Betrachter sehr an ein Fahrrad. Das war zu dieser Zeit im Mopedbau auch durchaus noch Standard. Auch sonst lag die Suhler Neuschöpfung gut im Trend. Gummigefederte Schwinghebel vorn und die ebenfalls in Gummi gelagerte und als Schwinge ausgebildete hintere Gabel sorgten für einigermaßen Federungskomfort. Doch machte der Sattel, der ebenfalls durch Gummi abgefedert wurde, das Fahren auf DDR-Straßen erst erträglich.
Die Trommelbremsen in beiden Naben sorgten für eine ausreichende Verzögerung. Pfiffig der Tachometer im Lampengehäuse und der integrierte Tragegriff im Rahmen-Durchstieg.
Bemängelt wurden seinerzeit hauptsächlich die schmalen, wenig vor Schmutz schützenden »Schutzbleche« und der nur leichte Zuladung vertragende Gepäckträger. Für das im Inland ausschließlich in brauner (maron) Lackierung ausgelieferte Zweirad brauchte sein Fahrer (vorerst) keinen Führerschein. Nicht mal Steuern wurden erhoben – wahrlich goldene Zeiten! Die brachen auch für den DDR-Außenhandel an. Mit verchromten Naben, Alufelgen und Farbgebungen in beige (hechtgrau), lindgrün und blau geriet das SR1 schnell zum Exportschlager – nicht nur ins sozialistische Ausland.
Ab der Fahrgestell-Nr. 30001 flossen einige Veränderungen in das Moped ein, mit denen die Konstrukteure auf anfängliche Kritiken reagierten. So wurden die vorderen Schutzbleche, mit Seitenabdeckungen versehen, beinahe zu richtigen Kotflügeln. Der Kettenschutz wurde verbessert und der Rahmenhinterbau verstärkt. Auffälligstes neues Detail war jedoch die helle, seitliche Vergaserabdeckung.
Ab Fahrgestell-Nr. 65000 wurde auch die Vordergabel verstärkt, nachdem es, vor allem bei Fahrzeugen mit Kindersitz, zu Gabelbrüchen gekommen war.

SR 2

Mitte Februar 1956 begannen die Vorarbeiten zur Weiterentwicklung des Suhler Mopeds und zwölf Monate später sollte das SR1 abgelöst werden. Die Serieneinführung und komplette Ablösung des SR1 zog sich Anfang 1957 jedoch noch einige Monate hin. Wochenlang liefen SR 1 und der schlicht SR 2 genannte Nachfolger parallel von den Montagebändern.
Dabei befanden sich die Fertigungsstätten in einer kontinuierlichen Erweiterung. Nach der Kinderwagenproduktion musste im ersten Quartal 1957 auch die Fahrradmontage zugunsten der Kleinkrafträder eingestellt werden. Eine 60 Jahre währende

Mit dem Typ SR 2 entsprach Simson unter anderem der Forderung nach einer tieferen Sitzposition. Die Produktionszahlen stiegen permanent an und der Exportanteil betrug bald ein Drittel der Fertigung.

Es waren überwiegend Frauen, die für die Simson-Werbeaufnahmen engagiert wurden. Neben den Motorrad fahrenden Männern waren sie ganz klar die Hauptzielgruppe der Marketing-Strategen.

Unter anderem an den herumgezogenen vorderen Schutzblechen konnte man die Weiterentwicklung des SR 1 erkennen.

Der Simson-Kleinroller KR 50 hatte angeblich einen weiblichen Charakter, der durch entsprechende Werbeaufnahmen noch verstärkt werden sollte. Dennoch war die Käuferschicht eher gemischt.

Letzter Prospekt für das SR 2E aus dem Jahre 1964. Trotz schöner Farben und vieler technischer Verbesserungen ließ sich das Moped zu dieser Zeit kaum noch absetzen.

Dieser Prospekt von 1957 war zweisprachig gehalten, diente in jedem Fall vorrangig Exportzwecken. In der DDR riss man den Suhlern zu dieser Zeit das SR 2 noch ohne große Werbung aus den Händen.

Tradition ging damit zu Ende. Dafür waren für 1957 100.000 Mopeds im Staatsplan festgeschrieben worden.
Mit dem SR 2 bauten die Konstrukteure Schwächen des Vorgängers ab und glichen die Linienführung dem internationalen Standard an. Das ganze Fahrzeug war nun mehr Moped und weniger Fahrrad. Tief herumgezogene Kotflügel, eine niedrigere Sitzposition, erreicht unter anderem durch die kleineren 23 Zoll-Felgen, und ein neuer, stabiler Gepäckträger waren die äußeren Unterscheidungsmerkmale zum Vorgängertyp. Auffällig auch ein elektrisches Signalhorn, zu dieser Zeit noch keineswegs Standard im Mopedbau. Die Klingel musste erhalten bleiben, da bei immer noch möglichem Fahrradbetrieb kein Strom erzeugt wurde.
Trotz unverändert gebliebener Federung und Bremsen hatten sich Straßenlage und Handlichkeit durch den niedrigeren Aufbau wesentlich verbessert. Und auch die »inneren Werte« waren gestiegen: Mit Schaltstellung »zweiter Gang« und gezogener Kupplung konnte der Motor mittels Pedaltrieb nach Kickstartermanier angeworfen werden. Bei gleich bleibender Leistung erreichte auch das SR 2 eine Spitzengeschwindigkeit von 45 km/h. Dank Ansauggeräuschdämpfer und veränderten Schalldämpfern kam das Moped nun leiser daher. Für den leicht erhöhten Spritverbrauch stand der auf sechs Liter (vorher 4,5) vergrößerte Tank zur Verfügung.
Für 1050 Mark Ost konnte der Mopedkäufer in der DDR jetzt zwischen den Farben maron und grau-beige wählen. Im Ausland waren SR 2-Fahrer mit einer schicken Zweifarbenlackierung unterwegs. Zum silbergrauen Tank, der mit der Aluminium-Verkleidung des Vergaser-Trakts zu einer Farbeinheit verschmolz, gesellten sich Diaphan-(Hammerschlag)Grün oder Blau. Wie gehabt erhielten die Export-Mopeds außerdem verchromte Naben und polierte Alufelgen.

SR 2E

Die DDR-Außenhändler rieben sich die Hände: Bis zu 30 % betrug der Exportanteil an der SR 2-Produktion. Grund genug, dem Drängen einiger Importeure nach Fahrwerks- und Leistungsverbesserungen nachzugeben.
Die Entwicklung nannte es intern »SR 2E« (mit dem »E« für Export), was im Mai 1959 erstmals mit drei Funktionsmustern gezeigt wurde. Auffällig an diesem Modell, das unter dieser Bezeichnung ab Dezember 1959 in die Serie überführt wurde, war die geschlossene, um das Schutzblech herumlaufende Kurzschwinge am Vorderrad, die sich auf Schraubenfedern abstützte. Auch hinten ersetzten Schraubenfedern die alten Gummiblöcke. Die nun erheblich verlängerten Federwege wirkten sich sehr positiv auf die Fahrsicherheit und den Komfort des kleinen Suhler Zweirades aus. Diese, zunächst nur für den Export vorgesehene, Fahrwerksvariante wurde aufgrund intensiver Bemühungen der Suhler Betriebsleitung von der Berliner Parteispitze zum Allgemeingut erklärt und auch für den Verkauf im Inland freigegeben. Daraufhin löste in den ersten Januartagen des Jahres 1960 das SR 2E seinen Vorgänger vollends ab. An Bord waren nun auch 3-Volt-Monozellen, die die Hupe speisten und die Klingel überflüssig machten.
Anfang der sechziger Jahre entsprachen Design, Fahr- und Triebwerk des SR 2E längst nicht mehr dem internationalen Moped-Standard. Zwar wurde an der neuen Generation in den Konstruktionsbüros schon längst gearbeitet, aber bei der Trägheit des Wirtschaftssystems und vor allem den zweifelhaften Entscheidungen der politisch Verantwortlichen war an einen rechtzeitigen Modellwechsel nicht zu denken. So geschah etwas für DDR-Verhältnisse Einmaliges: Schon 1963 kam der Moped-Verkauf ins Stocken und 1964 wurde gar auf Halde produziert. Selbst die (ebenfalls einmalige) Möglichkeit des Ratenkaufs, mit 260 Mark Anzahlung und 24 Monaten Laufzeit, half da nur wenig.
Dabei hatten die Techniker alles getan, die Möglichkeiten des SR 2-Konzeptes auszuschöpfen. Schon im Sommer 1960 war

Die üppige Blechverkleidung des KR 50 und dessen Nachfolger war der Hauptgrund dafür, dass die Roller-Nachfrage in der an chronischem Blechmangel leidenden DDR nie befriedigt werden konnte.

Für den einsitzigen Mokick-Roller gab es kaum Vorbilder in der westlichen Welt. In der DDR erwies sich das spritz- und wettergeschützte Fahrzeug als idealer Ersatz für die meisten, noch lange autolosen Bürger.

ein Gleichstromhorn, anstelle der schnarrenden Wechselstromhupe, gespeist von einer Batterie unter dem Kraftstofftank, eingesetzt worden. Ab Dezember des gleichen Jahres wurde ein Rundtacho ins Lampengehäuse eingesetzt. Eine ganze Reihe von Verbesserungen wurde für das Produktionsjahr 1962, in dem dann übrigens am 13. September das einmillionste Moped die Suhler Werkhallen verließ, wirksam. Noch einmal wurde die Federung verbessert: Der vordere Federweg verlängerte sich von 60 auf 72 mm und stützte sich nun auf eine voll geschweißte Vordergabel ohne Lötmuffen (ab Fahrgestell-Nr. 797250). Die Motorleistung kletterte um 0,3 auf 1,8 PS, wobei Nenndrehzahl und Höchstgeschwindigkeit nahezu unverändert blieben. Eine erhöhte Verdichtung (7,5:1), erreicht durch Verwendung eines neuen Zylinderdeckels (vom KR 50 übernommen) und die Veränderung der Steuerzeiten ermöglichten den Leistungsanstieg.

Neben kleineren Detailverbesserungen müssen der neue Kippständer aus Aluminiumguss und erstmals mit Rückzugsfeder (Fahrgestell-Nr. 894220) sowie der neu gestaltete Gepäckträger mit Gummispannband erwähnt werden. Ein größeres Rücklicht war dem SR 2E schon für das Modelljahr 1961 spendiert worden. Jetzt wurde die Leuchtfläche noch einmal vergrößert, womit die Strahler in den Pedalen überflüssig wurden (ab November 1962).

Mit frischen Farben, wie Signal- oder Bordeauxrot, sollten auch die Importeure der inzwischen auf 45 angewachsenen Exportländer bei Laune gehalten werden. Im Inland kostete das SR 2E immer noch 1050 Mark. Das Gesetz, wonach erhöhter Gebrauchswert gleich erhöhter Preis bedeutete, wurde in der DDR erst in den achtziger Jahren wirksam. Und da hielten sich immer noch viele der unverwüstlichen Suhler Mopeds der ersten Generation tapfer im täglichen Straßenverkehr.

KR 50

Mit dem Erscheinen des KR (Klein-Roller) 50 hatte Simson wirklich einen Hit gelandet, und das, obgleich es kaum internationale Trends in Sachen 50-ccm-Roller gab. Einzig herausragende Erscheinung war damals der Kreidler R 50, auf den die Suhler Fachleute wenigstens mit einem Auge herübergeschielt haben dürften.

Die geschlossene Verkleidung, die vor Regen und Schmutz schützen sollte, bildete dann auch die Grundlage für erste Entwürfe im Zeitraum Juli/August 1956. Im Herbst 1956 ging man davon aus, einmal 100.000 und mehr Roller jährlich bauen zu können; eine Zahl, die dann selbst zu besten Schwalbe-Zeiten nie erreicht wurde.

Die Versuchsabteilung baute im Herbst 1957 das dritte Roller-Funktionsmuster auf, das dem endgültigen Kleinroller schon sehr nahe kam und als Grundlage für sieben Fertigungsmuster diente. Letztere mussten noch mit den herkömmlichen, etwas umgebauten Mopedmotoren bestückt werden, da die Zschopauer Motoren-Fachleute den geforderten Rollermotor mit erhöhter Leistung und Kickstarter nicht schnell genug auf den Prüfstand brachten. Um inzwischen den staatlich gesetzten Terminvorgaben gerecht werden zu können, beließen es die Konstrukteure bei zwei Getriebegängen, die, wie beim Moped, links am Lenker geschaltet wurden.

Ende Februar 1958 konnten fast fristgerecht 20 Nullserien-Kleinroller montiert werden, deren Karosserien mit den fertigen Serienwerkzeugen gepresst worden waren.

Der Startschuss zur Serienproduktion des Rollers fiel dann aber doch erst im Juni, und ab August 1958 verkaufte die HO (Handelsorganisation in der DDR) den KR 50 für 1150 Mark (Ost) in der Basisversion und 1265 Mark für die Ausführung mit Leichtmetallfelgen und Zweifarbenlackierung. In der Frontschürze oberhalb des Kotflügels war das Lampengehäuse feststehend integriert; nicht im Scheinwerfer, sondern im hinter dem Lenker liegenden Armaturenbrett war der – im Gegensatz zum Moped (Vorderradnabe) – von der Motorabtriebswelle angetriebene Tachometer platziert. Links und rechts davon befanden sich Zughebel für Starterklappe und Tupfer.

Unter dem leicht demontierbaren Verkleidungs-Mittelteil kam der Motor, an einem stabilen Doppelrohrrahmen hängend, zum Vorschein. Das überarbeitete Moped-Triebwerk leistete 2,1 PS bei 5.500/min. Trotz des ordentlichen Gewichts von 68 kg schaffte der Kleinroller damit eine Dauergeschwindigkeit von 50 km/h.

Dies erforderte auch einige Veränderungen am Fahrwerk. Den neuen 20-Zoll-Rädern mit verstärkten Achsen wurde die ansonsten unveränderte SR 2-Gabel angepasst. Das Hinterrad federte eine verwindungssteife, mit Schraubenfeder abgestützte Schwinge. Innerhalb der Feder sorgte ein Gummipuffer für den auf 55 mm begrenzten Federweg. Zusammen mit dem großen, schaumgummigepolsterten Sitz (unter dem Werkzeug, Luftpumpe und Tank verstaut waren) konnte dem neuen Roller ein angenehmer Fahrkomfort bescheinigt werden.

Die zu dieser Zeit auch schon am SR 2 im Einsatz befindlichen Leichtmetall-Vollnabenbremsen fanden beim KR 50 genauso Verwendung wie der Lenker mit Anbauteilen inklusive Klingel!

Bei der Lackierung ging es zunächst recht eintönig zu. Den vom SR 2 her bekannten Farben Beige und Braun wurde eine diaphanblaue (Hammerschlag) Verkleidung zur Seite gestellt. Schnell folgte eine zweifarbige Variante in Diaphanblau/Grau, wie schon erwähnt, gegen Aufpreis. In späteren Produktionsjahren (1961/62) gesellten sich Rotbraun und Erikarot hinzu.

In seinen knapp sechs Produktionsjahren hatte sich der KR 50 einigen technischen und kosmetischen Operationen zu unterziehen. Gleich zu Beginn des zweiten Pro-

Im Laufe seiner Produktionszeit erfuhr der Roller ständige Weiterentwicklungen, die schon auf den Nachfolger hindeuteten. Die reibungsgedämpften Federbeine waren typisch für die Fahrzeuge der künftigen Vogelserie.

duktionsjahres wurde die Bereifung auf 2,50x16 verstärkt (Fahrgestell-Nr.6338). Ebenfalls 1959 versorgte, analog zum späteren SR 2E, eine 3-Volt-Monozellen Batterie das neue Gleichstromhorn. Schließlich, ebenfalls noch vor Einführung des SR 2E, bekam der Roller die schraubengefederte Vordergabel mit Kurzschwinge (Fahrgestell-Nr. 10780). Den Rundtachometer gab es ab November 1960.

Im Frühjahr 1962 kam eine neue Hinterradfederung mit reibungsgedämpften Teleskopfederbeinen, die den Federweg auf 85 mm verlängerten (Fahrgestell-Nr. 82132). Zuvor war schon die hintere Schwinge in Silentbuchsen gelagert worden.

Auch die Vorderradführung, vom aktuellen Stand des SR 2E übernommen, hatte sich geändert (Fahrgestell-Nr. 60693). Die neue Gabel- und Schwingenkonstruktion bescherte mehr Fahrsicherheit; der um 12 mm verlängerte Federweg mehr Komfort. Ein Kippständer aus Blechprägeteilen löste den arg kritisierten Rohrständer ab. Schließlich schloss das größere Rücklicht, das auch an das SR 2E passte, das 62er Änderungspaket im Oktober ab.

Für das Modelljahr 63 wurden weitere größere Eingriffe registriert: Optisch war das letzte Produktionsjahr am flachen Blechprägelenker mit Suhler Stadtwappen in seinem Zentrum erkennbar (Fahrgestell-Nr. 111510). Das Fassungsvermögen des Tanks erhöhte sich um einen

halben Liter, die Leistung des Motors um 0,2 PS. Diese geringe Steigerung, verbunden mit einer Anhebung des Drehmoments wurde durch eine neue Abgasanlage mit geänderter Schalldämpferabstimmung möglich.
Bis Februar 1964 rollte der KR 50 aus dem sich ständig vergrößernden Simson-Werk. Steuerfrei durfte er nach wie vor gefahren werden, einen Moped-Führerschein hatten die DDR-Behörden aber längst eingeführt.

Trotz aller Werbesprüche war es zweifellos von Nachteil, dass man die Freundin wegen des fehlenden Soziussitzes nicht mitnehmen konnte. Der Beliebtheit der Simson-Fahrzeuge schon zu dieser Zeit tat dies jedoch keinen Abbruch.

Vom alten Rücklicht abgesehen war das die letzte Version des KR 50, erkennbar am Blechprägelenker. Alle in diesem Buch vorgestellten Fahrzeuge und noch viele andere mehr, können übrigens im Fahrzeugmuseum in Suhl bestaunt werden. Ein Besuch, der sich auf jeden Fall lohnt.

3

DIE SCHWALBE

Unter schwierigen Umständen hatten es die Simson-Spezialisten zu Beginn des Jahres 1964 endlich geschafft, eine neue Moped-, Mokick- und Roller-Generation zur Serienreife zu bringen. Alle neuen Modelle wurden aus einem Baukastensystem heraus entwickelt und bekamen neben den werksinternen Bezeichnungen nun offiziell einen Vogelnamen. Der erste Vogel, der das Thüringer Mopedbauer-Nest verließ, war der Mokick-Roller KR 51 »Schwalbe«. In ihrer Ausgabe vom 27. Juni 1963 rief die Werkszeitung »Motor« zur Namensfindung für den künftigen KR 50-Nachfolger auf. In einer engeren Wahl waren schon Bezeichnungen wie »Simsonette«, »Muli«, »Cherry«, »Suhlette«, »Biene«, »Susi« und viele mehr genannt worden. Im »Motor« vom 24. Oktober 1963 gab die Redaktion dann den Namen »Schwalbe« bekannt, der aber von keinem Mitarbeiter, sondern »... gemeinsam von der VVB Automobilbau, dem Deutschen Innen- und Außenhandel und unserem Betrieb gefunden wurde«, wie es in dem Blatt hieß.

Der Schwalbe-Schriftzug aus Aluminium prangte fortan dort, wo am KR 50 das Simson-Signet befestigt war – am linken Beinschild.

Dem Nachfolger des KR 50 maßen die verantwortlichen Politiker einige Bedeutung zu und ließen demzufolge, gemessen an sonstigen Kraftfahrzeugentwicklungen in

Modische Eleganz und Blickrichtung gen Westen: Ein früher Entwurf für den ersten Schwalbe-Verkaufsprospekt, der in ähnlicher Form auch realisiert wurde.

Die Automatik-Schwalbe war 1968 für Simson zweifellos eine technische Innovation. Doch die Olivgrüne mit dem fehlenden Kupplungsgriff blieb den meisten Interessenten suspekt und verkaufte sich nur schleppend.

Die »Schwalbe« war nicht nur das erste Modell der berühmten »Vogelserie« mit einem bei Simson gebauten Motor, sondern auch die erste Suhler 50er, die eine Doppelsitzbank besaß. Mit dem zwangsgekühlten 3,4-PS-Motor durfte das Modell KR 51 offiziell 60 km/h schnell sein.

der DDR, relativ großzügig Geld von Berlin in den Thüringer Wald fließen.

Nach diversen Entwicklungsstufen und Prototypen entstanden 1962 weitere Versuchsfahrzeuge, die neue Motoren mit den endgültigen 3,4 PS Leistung und eine Bereifung der Größe 20 x 2,75 erhielten. Dazu kam eine neue elektrische Anlage: Schwunglichtmagnetzünder mit Lichtspulen 6 V/33 W, Batterie 6 V/4,5 Ah mit Ladeanlage, 15/15-W-Scheinwerfer, 18-W-Bremslicht, 18-W-Lenkerblinkanlage, Parkleuchte und Signalhorn. Die Elektrik, in Verbindung mit den gut dimensionierten Bremsen wurde später als Sicherheitsfaktor zur Grundlage für die Entscheidung, die Höchstgeschwindigkeit für Mopeds/Mokicks in der DDR auf 60 km/h zu erhöhen.

Der Scheinwerfer erhielt erstmals seine markante, eckige Form (136 mm Lichtaustritt), was ein neues Frontschild zur Folge hatte. So blieben von den großen Blechteilen der Karosserie nur die Motortunnel-Abdeckung und die Beinschilder gegenüber dem KR 50 (fast) unverändert.

Nach zwei Fertigungsmustern im August 1963 baute Simson im Oktober des gleichen Jahres ganze fünf Nullserienfahrzeuge auf. 2,2 Millionen Mark hatte der neue Mokick-Kleinroller inzwischen verschlungen! Freilich kamen viele seiner technischen Neuerungen auch der Mokick-Entwicklung zugute.

Was die Werbung 1964 noch suggeriert hatte, wurde bald Realität: Die Schwalbe war aus dem Alltag der DDR nicht mehr wegzudenken. Seine Beliebtheit bescherte dem Kleinroller Wartezeiten von bis zu fünf Jahren.

Am 1. Februar 1964 begann offiziell die Serienfertigung des KR 51 mit zunächst ausschließlich handgeschaltetem Dreigang-Getriebe. Der implantierte Motor, der jetzt in Suhl gefertigt wurde, trug die Bezeichnung M 53 KHL (Kickstarter, Handschaltung, Lüfter).

In jedem ihrer 22 Produktionsjahre blieb die Schwalbe ein Fahrzeug in »limitierter Auflage«. Das lag hauptsächlich an der üppigen Blechverkleidung des Rollers; denn Tiefziehblech war in der DDR zu allen Zeiten Mangelware und konnte dem Thüringer Werk stets nur kontingentiert zur Verfügung gestellt werden. Dabei hätten erheblich mehr Schwalben verkauft werden können. Trotzdem, zusammen mit alten und sehr alten Bestandteilen des Maschinenparks – das Kurbelwellenschleifen übernahm eine Maschine aus dem Jahre 1906 – konnte die Zweiradproduktion von Jahr zu Jahr gesteigert werden. Für die Schwalbe stieg der Jahresausstoß von anfänglich knapp 30.000 Einheiten auf etwa 45.000 im Jahr 1970 und fast 60.000 zu Beginn der achtziger Jahre – mehr gab das Blech nicht her.

Nach offiziellen Ankündigungen war die Schwalbe mit Fußschaltung für den Spätsommer 1964 vorgesehen. Tatsächlich

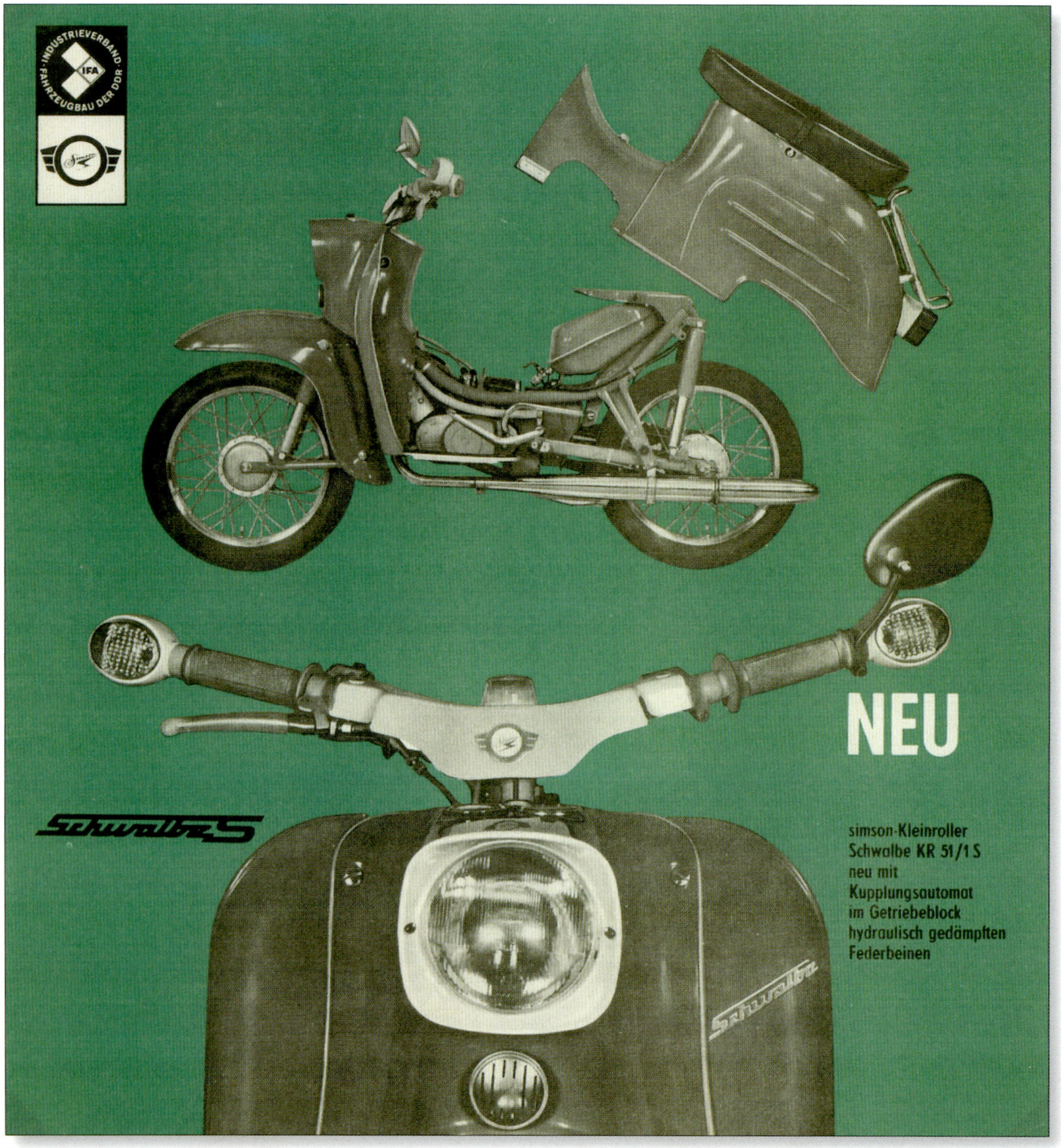

Neben dem Automatik-Getriebe wartete der KR 51/1S noch mit einer längeren Sitzbank, hydraulischen Stoßdämpfern und besserem Licht auf. Trotzdem wurden bis 1980 nur 44.600 S-Modelle verkauft.

kamen die ersten Fahrzeuge mit der Bezeichnung KR 51 F aber erst Mitte 1965 in den Handel. Die Schwalbe mit Handschaltung blieb weiterhin im Angebot, und beide Ausführungen kosteten 1265 Mark. Das war exakt die Summe, die auch der deutlich schlechter ausgestattete KR 50 gekostet hatte. Die strenge staatliche Überwachung ließ bis in die siebziger Jahre hinein keine Anhebung der Endverbraucherpreise (EVP) zum Beispiel für Nachfolgeprodukte zu.

1968 präsentierte sich Simson als »größter Herstellerbetrieb für motorisierte Zweiräder beider deutscher Staaten« und kündigte eine Produktionssteigerung von 25 % für das laufende Jahr an. Der Firmengewinn war von 7,7 Millionen Mark 1964 auf über elf Millionen »MDN« (Mark der Deutschen Notenbank) angestiegen.
Die Schwalbe erhielt ab März die Bezeichnung KR 51/1 und den neuen Motor M 53/1. Fußschaltung (M53/1 KFR) und Handschaltung (M53/1 KH) blieben weiterhin parallel im Angebot. Durch Änderung des Saugkanals (35 mm länger), der Ansauganlage (neue Ansauggeräuschdämpfer mit Unterbringung des Luftfilters am Steuerkopfende des Lenkers), des Vergasers, der Spülkanäle im Zylinder und der Abgasanlage (neue Schalldämpfer)

»K« stand ab 1974 für Komfort. Dafür gab es unter dem weiß lackierten Blech vorn und hinten hydraulische Stoßdämpfer mit verlängerten Federwegen.

konnte die Leistung geringfügig erhöht (3,6 PS) und dabei die Drehzahl gesenkt (5.750/min) werden. Die Verminderung des Geräuschpegels und des Spritverbrauchs waren positive Folgen dieser Eingriffe, die teilweise auch der Star erfuhr.

Im Oktober 1968 startete die Produktion des KR 51/1S. Das »S« stand für Sonderausführung, die vor allem eine automatische Schaltkupplung beinhaltete. Die nach dem Fliehkraftprinzip arbeitende Kupplungsautomatik war gewöhnungsbedürftig, konnte aber wegen fehlendem Handhebel nicht umgangen werden. Mit Betätigung des Fußschalthebels wurde vor dem Gangwechsel der Kupplungsvorgang eingeleitet, was ein wenig mehr Kraftaufwand des linken Fußes erforderte. Beim Herunterschalten musste zur Drehzahlanpassung Zwischengas gegeben werden.

Die Automatik war an der linken Getriebeseite angebracht und erweiterte diese so sehr, dass die Motortunnelabdeckung ausgeschnitten werden musste. Ein nach hinten verlängerter Schalthebel kennzeichnete den neuen Roller an dieser Stelle zusätzlich. Typischstes Merkmal des KR 51/1S war jedoch seine ausschließlich olivgrüne Lackierung.

Für 1400 Mark hatte die »S-Klasse« aber noch einiges mehr zu bieten: Eine um 5 cm längere Sitzbank, hydraulische Stoßdämpfer sowie 25-W-Scheinwerferleistung und eine außen liegende Zündspule. Der Baukasten ließ hier grüßen – dieses Extra-Paket war vom Sperber übernommen worden.

Die Automatik-Schwalbe konnte die Erwartungen hinsichtlich ihrer Verkaufszahlen kaum erfüllen. Der Lenker ohne Kupplungsgriff blieb den Interessenten fremd, die Fahrwerksvorteile gegenüber dem Standard-Vogel hätten freilich auch andere Schwalbe-Anwärter gern genutzt. Diesem Ruf folgend brachte Simson 1974 den KR 51/1K auf den Markt. »K« bedeutete mehr Komfort, und das wiederum ein hydraulisch gedämpftes Vollschwingenfahrwerk und eine nochmals um 1,5 cm in der Länge gewachsene Sitzbank (Gesamtlänge jetzt 625 mm). Die 15-W-Standardbeleuchtung blieb allerdings diesmal unverändert. Vielleicht sollte ja die weiße Lackierung dafür Sorge tragen, dass zumindest das Fahrzeug gut zu sehen war.

Mit einer neuen Motorengeneration, die zuerst dem Kleinroller zugute kam, hielten Ende 1979 neue Schwalbe-Typenbezeichnungen Einzug. Die bisherigen Modelle liefen in den ersten Wochen des folgenden Jahres aus. Die Motoren M 531 (Dreigang) und M 541 (Viergang) waren fahrtwindgekühlt und erreichten ihre Höchstleistung von 3,7 PS bei nur noch 5500/min. Für den Einbau wurde die Aufhängung am Brückenrahmen geändert, was eine Verlegung des Auspuffs auf die rechte Fahrzeugseite zur Folge hatte. Weiterhin ersetzte bei den neuen Typen ein Gestänge die bisherige Seilzugbetätigung der Hinterradbremse. Die Trittbretter verlängerten sich ebenso wie der Spiegelarm und eine neue Rückleuchte mit 21-W-Bremslicht markierte das Heck. Die Scheinwerferleistung betrug jetzt einheitlich 25 Watt. Lackiert wurde wie zuletzt in Blau, Saharagelb und Kirschrot. Zum Glück nur kurzzeitig war die DDR-Unfarbe »Biberbraun« im Angebot, während ein sattes Grün die Farbpalette bis zum Schluss ergänzte.
Analog zu den Mokick-Varianten standen folgende Typen zur Auswahl:
KR 51/2N - Grundvariante mit Dreigang-Getriebe und reibungsgedämpften Federbeinen.
KR 51/2E - Viergang-Schaltung und hydraulische Schwingungsdämpfer.

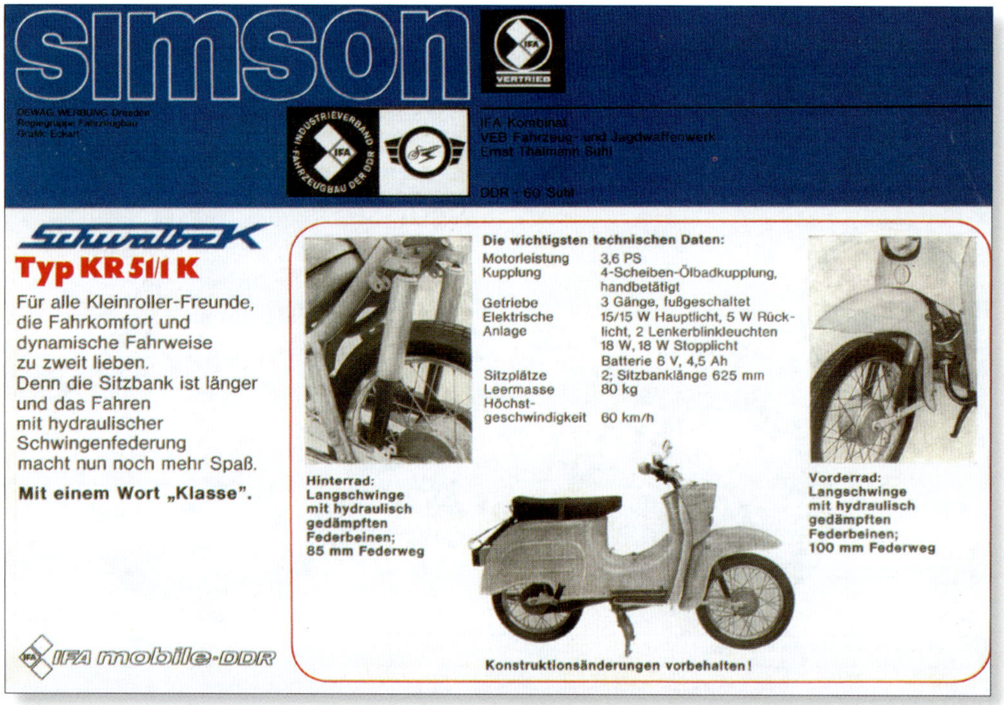

Im Soziusbetrieb machten sich die verlängerte Sitzbank und die bessere Federung wohltuend bemerkbar. Trotz des höheren Preises verkaufte sich das K-Modell fast so gut wie die Standard-Schwalbe.

Mit der Einführung der wieder fahrtwindgekühlten Motorenreihe M531/541 entstand 1979 die Typenreihe KR51/2. Vor allem der nach rechts verlegte Auspuff ließ sofort das neue Modell erkennen. Auch der runde Rückspiegel und ein ebensolches Rücklicht waren auffallend.

KR 51/2L - die Luxus-Ausgabe wie KR 51/2E, dazu elektronische Zündanlage mit 35-W-Scheinwerferleistung.
Im Laufe des Jahres 1980 wurden die in schwarzen Kunststoff gefassten Spiegel rund und auch die Lenkerabdeckung matt-schwarz. So flogen die Schwalben bis in ihre letzten Tage hinein...

Mit dieser Angebotspalette lief die Schwalbe bis ans Ende ihrer Tage. Übrigens war ein kräftiges Blau 22 Jahre lang die Schwalbe-Lackierung schlechthin. Und für den richtigen Schwalbe-Fan kam eine andere Farbe sowieso nicht in Frage...

Phänomen Schwalbe: Obwohl inzwischen zum Urgestein ostdeutschen Kraftfahrzeugbaus gehörend, verlangte die Kundschaft zu Beginn der achtziger Jahre keineswegs so vehement nach einem Nachfolger, wie das im PKW-Bau der Fall war.

4

VOGELSERIE UND MOFA SL 1

SR 4-1 »SPATZ«

Für den Nachfolger des SR 2, der bei Simson als SR 3 durch Entwicklung und Konstruktion lief, war eigentlich ein modernes Fahrzeug geplant mit einem Rahmen aus massiven Blechschalen, der aber wegen chronischem Materialmangel nicht realisiert werden konnte. Der Kompromiss sah schließlich so aus: Die nun SR 4 genannte Entwicklung hatte als Sitzträger eine Schale, die ab Fahrzeugmitte bis zur Lenkerführung von einem Rohr abgelöst wurde. »Rohr-Prägekonstruktion« tauften die Techniker ihre Notlösung, die sich letztlich aber doch bewährte.

Außer dem Rahmen und der Typenbezeichnung änderte sich am ursprünglichen Entwicklungsprogramm nichts; einem sportlichen Mokick mit Dreigang-Fußschaltung sollte ein Einstiegsmodell mit Handschaltung und Mopedcharakter vorangestellt werden. Die Entwicklung musste sich nun allerdings der des neuen Kleinrollers unterordnen und wurde von dessen Investitionsmitteln größtenteils mitfinanziert. Dieser Umstand machte ein Baukastenprinzip, auch für das Fahrwerk, geradezu zur Pflicht.

Vom SR 2E-Nachfolger, dem Moped SR 4-1 entstanden bis Dezember 1962 fünf Prototypen; im Juni des folgenden Jahres stellte Simson drei Fertigungsmuster, darunter eins mit Kickstarter vor.

Im Sommer 1964 löste der Spatz das SR 2E ab. Einige Teile der Vorderradführung und der Zweigang-Pedalmotor wurden dabei vom Vorgänger übernommen. Wenig später erschien auch das Kickstarter-Modell.

Um den Modellwechsel möglichst fließend zu überstehen und Engpässen der ständig in Erweiterung befindlichen Simson-Werksanlagen vorzubeugen, wurde beim SR 4-1 von Anfang an auch auf Altbewährtes gesetzt. So blieb der Sömmerdaer Motor des SR 2E nahezu unverändert. Durch Verwendung des Zylinderdeckels vom KR 50 war schon bei den letzten SR 2E-Fahrzeugen die Verdichtung auf 8,5:1 und die Leistung auf 2 PS gestiegen. Diese Daten wurden aber erst jetzt dem neuen Moped offiziell zugeschrieben. Da der neue Rahmen eine Motoraufhängung am Zylinderkopf vorsah, erfuhr dieser nochmals eine Überarbeitung. Die zwei Gänge wurden wie gehabt am Kupplungsgriff geschalten. Vom KR 50 kam für alle SR 4-1-Modelle auch der Vergaser mit 13 mm Ansaugweite (vorher 12 mm) und der Ansauggeräuschdämpfer. Die Lampeneinfassung war ebenfalls vom ersten Suhler Roller her bekannt.

Die gesamte vordere Radführung übernahmen die Konstrukteure von SR 2E/KR 50, was dem Gesamterscheinungsbild mit den hinteren, an einer Schwinge hängenden Federbeinen eine beinahe kurios

Die 20 Zoll-Räder und der gesamte hintere Aufbau mit Rahmen, Federung, Kettenkapselung und Bremsen entstammten einem Baukasten, aus dem heraus weitere »Vögel« zusammengebaut werden konnten.

60 km/h für 1200 (Ost)Mark. Schon mit Einführung der Schwalbe war per Gesetz die zulässige Höchstgeschwindigkeit für die kleinen Fünfziger in der DDR um 10 km/h erhöht worden. So konnte auch der neue Star im Straßenverkehr hervorragend mitschwimmen.

Bis auf das Lampengehäuse hatte man alle Teile des Star schon mal gesehen: Motor, Vollschwingenfahrwerk und vorderer Kotflügel an der Schwalbe, Tank und hinterer Karosserieaufbau am Spatz. Der Baukasten war perfekt eingesetzt! Fußschaltung hatte der Star von Anfang an.

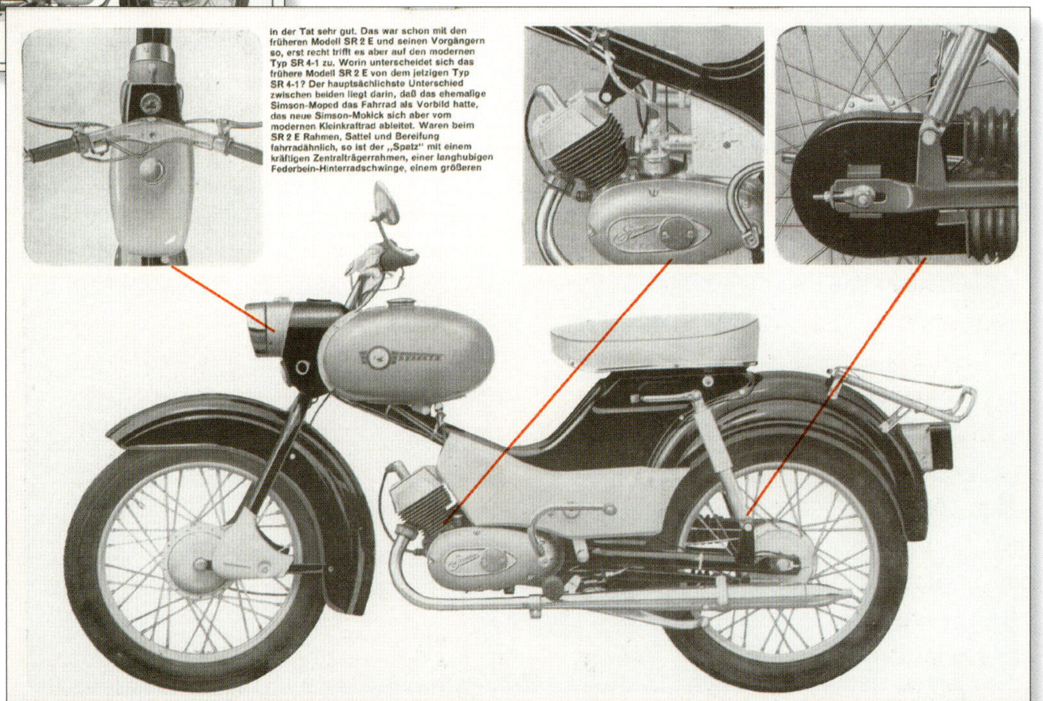

Ab 1968 trieb der Simson-eigene Motor M52 den Spatz etwas kräftiger an. Mit dem Ende des Sömmerdaer Motorenbaus fiel die Pedal-Version aus dem Programm. 1970 stellte Simson die Produktion des Spatz ein.

Mit verbessertem Motor erhielt der Star 1968 die Bezeichnung SR 4-2/1. Die Lieferzeiten betrugen damals in der Provinz bereits zwei Jahre.

Der mit dem, von der Schwalbe her schon bekannten, gebläsegekühlten Motor bestückte Star traf voll den Nerv vor allem des jüngeren Publikums. Eine Erfolgsstory begann, an deren Ende über eine halbe Million verkaufter SR4-2 standen.

zu nennende Note verlieh. Der breitere, tiefer gezogene vordere Kotflügel passte da schon besser zum neuen Suhler Outfit. Und der Rest sowieso: Räder (20 Zoll), Bremsen (125 mm Trommeldurchmesser), Kippständer, Gepäckträger, Rückleuchte, und die von MZ patentierte Kettenkapselung via Gummischläuche hatte man zuvor schon am ersten Suhler Vogel, der Schwalbe, gesehen. Später werden Tank und seitliche Abdeckbleche aus Leichtmetall, die vom Vergaser bis zum Hinterrad reichen, auch an anderen Simson-Mokicks zu sehen sein. Die Sitzbank war indes in keinen Baukasten einzuordnen; entgegen den anderen Suhler Neuschöpfungen blieb das SR 4-1 einsitzig. Immerhin bescheinigten alle Tester dem Moped einen bequemen Sitz.

Im April 1964 hing die Nullserie an den Hängebändern – ganze zehn Fahrzeuge, davon zwei mit Kickstarter. Am Tank prangte noch der Simson-Schriftzug. Erst kurz vor Freigabe der Serienproduktion am 8. Juni 1964 entschied die Abteilung »Absatz«, dass nach der Schwalbe auch die anderen neuen Simson-Fahrzeuge Vogelnamen erhalten sollten. Erst einige Tage nach dem Serienstart war der »Spatz« dann auch als solcher zu erkennen.

Er blieb im Preis gegenüber dem SR 2E unverändert; für 1050 Mark war also das Grundmodell mit lackierten Stahlfelgen zu haben. Poliertes Aluminium kostete im Inland mehr, war aber im Export Standard. So wurde der Spatz auch in der Bundesrepublik zum Kampfpreis von DM 548 angeboten – viel Interesse fand er im Westen dennoch nicht. Anfangs in den Farben Blau, Braun, Rot und Grünblau-Hammerschlag (Export) angeboten, war der Spatz bald nur noch in einem kräftigen Rot zu sehen. Lenkerabdeckung, Tank und seitliche Blechverkleidungen waren stets in einem weißgrauen Farbton gehalten.

Von 1967 an konnte endlich auch für den Spatz der Motor in Suhl gefertigt werden. Der M 52 (2 = Zweigang-Getriebe) war 0,3 PS stärker und wurde ohne Gebläse und ausschließlich mit Kickstarter gefertigt. Parallel fand kurzzeitig auch noch der Sömmerdaer Pedal-Motor Eingang in die

1965 starteten zwei Mokicks SR4-2 zu einer spektakulären, 25.000 Kilometer langen Tour durch Ostasien. Ein heute rarer, umfangreicher Verkaufsprospekt schlachtete die gelungene Testfahrt werbewirksam aus. Fünf Jahre nach der Afrika-Durchquerung zuvor auf dem SR 2E war das Team Schrader/Lange nun ein Jahr lang auf normalen Serien-Staren unterwegs.

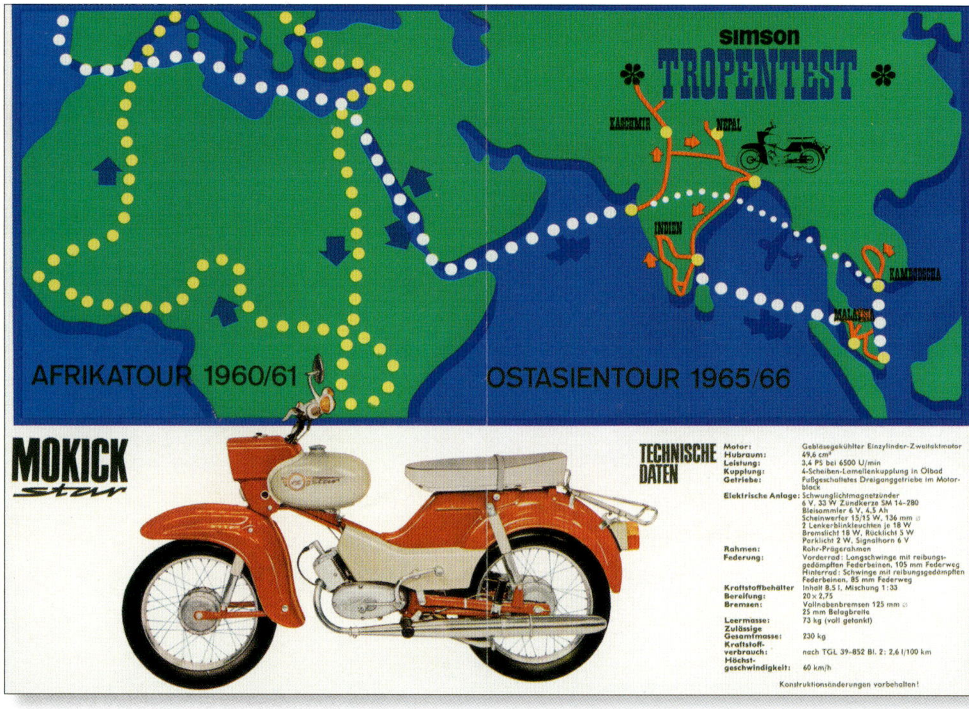

Alle Vöglein sind schon da: Mit dem »Sperber« erhielt die Simson-Vogel-Familie 1966 ein viertes starkes Mitglied. Mit verlängerter Sitzbank und großem Tank mit Knieschluss sollte der anfangs rot lackierte Sperber einen Hauch von Motorrad verbreiten und Einsteiger in diese Fahrzeugkategorie anlocken.

Spatz-Produktion; ab 1968 war dann das SR 4-1 nur noch als Mokick zu haben. 1970 lief die Produktion des Spatz nach stetig zurückgehenden Verkaufszahlen aus. Kurzschwinge und Zweigang-Handschaltung hatten endgültig ausgedient.

SR 4-2 »STAR«

Der Star unter den »Vögeln« wurde das SR 4-2 und das im wahrsten Sinne seines späteren Namens. Von dieser flotten Bezeichnung war 1962, als die Versuchsabteilung bis zum Jahresende fünf Prototypen fertig stellte, natürlich noch keine Rede. Zu dieser Zeit war auch noch nicht an eine Doppelsitzbank für das »Sportmokick« zu denken. Darüber wurde erst 1964 entschieden und konnte gerade noch für die am 30. Juni des Jahres startende Nullserie von neun Fahrzeugen realisiert werden. Die Motoren leisteten zunächst nur 2,8 PS. 1964 erhöhten die Techniker die Leistung auf die endgültigen 3,4 PS. Folgende Konstruktionsmerkmale, abweichend vom Spatz, standen aber von Anfang an fest: Vollschwingenfahrwerk (also auch Langschwinge mit reibungsgedämpften Federbeinen am Vorderrad), Dreigang-Motor mit Fußschaltung, Schwunglichtmagnetzünder mit Ladeanlage und 6-Volt-Bleisammler (4,5 Ah), Scheinwerfer mit 136 qcm Lichtaustrittsfläche, Lenker-Blinkanlage und Parkleuchte.

Das Endergebnis ließ die Herzen der 15 bis 17-jährigen DDR-Teenager höher schlagen und die Tester zu fast ausschließlich positiven Beurteilungen kommen. Dabei bemerkten nur Letztere, dass fast alles am »Star« nicht ganz neu war. Tatsächlich wurde der Baukasten – »Standardisierungsprogramm« nannte man es damals – so geschickt in Szene gesetzt, wie bisher an keinem anderen Suhler Erzeugnis: Motor, Hinterradantrieb, Laufräder, Bremsen, Federbeine, elektrische Ausrüstung, Vorderradschwinge einschließlich Kotflügel, Lenker und Doppelsitzbank waren zuvor schon am KR 51 zu sehen, Rahmen, Tank, Hinterradschwinge und hinterer Kotflügel zeichneten das SR 4-1 aus. Das ergab zusammen 90 % aller Star-Teile; neu waren lediglich die Fußschaltung (wurde fast zeitgleich auch für die »Schwalbe« angeboten) und das markante Lampengehäuse.

Im Unterschied zur Schwalbe waren die Soziusfußrasten nicht am Rahmen, sondern an der Schwinge angeschraubt. Das setzte gesunde Kniegelenke des Mitfahrers voraus. Sehr bequem hatte es dieser sowieso nicht. In einem zeitgenössischen Testbericht liest man dazu: »Die Sitzbank bietet zwei Personen für kurze Strecken ausreichend Platz. Von einem Kind kann der Halteriemen wohl benutzt werden, Erwachsene brauchen aber jeden Zentimeter der Bank zum Sitzen und halten sich besser am Fahrer fest, was bei gemischter Besatzung im Allgemeinen auch gern in Kauf genommen wird.«

Offizieller Serienstart des 60 km/h schnellen Vogels war der 1. September 1964. Die Schwierigkeiten des laufenden Jahres, verursacht durch die Modellwechsel und

Den kräftigen Motor kühlte der Fahrtwind und vier Getriebegänge hielten die Drehzahlen im grünen Bereich. Eine unter dem Tank verlaufende Strebe zwischen Sitzschale und Rahmenkopf versteifte zusätzlich das Skelett des schnellen Vogels.

Mit dem SR4-3 kamen die Suhler Fünfziger erstmals in den Genuss von hydraulisch gedämpften Federbeinen.

Aber die Verkäufer hatten so ihre Mühe. Mit 4,6 PS und 75 km/h Höchstgeschwindigkeit rutschte das SR4-3 in die neu geschaffene Klasse »Kleinkrafträder«; das bedeutete Motorradführerschein und Mehrkosten für Steuer und Versicherung.

Der Habicht war der »Edel-Fünfziger« in der DDR; nicht umsonst lief er im Export auch als »Star de luxe«. Gegenüber dem Sperber konnte der Jahresausstoß nahezu verdoppelt werden.

Und noch ein Vogel: Mit dem »Habicht« zeigten die Suhler Marktforscher, dass sie doch noch ein »Näschen« für die Wünsche der Kunden hatten. Mit einfachen Mitteln zauberten die Techniker aus dem im Absatz lahmenden Sperber einen Verkaufshit.

die Produkterweiterung, ließen die Montage jedoch immer wieder ins Stocken geraten. Für 1200 Mark war er dann schließlich zu haben, sofern der potentielle Käufer die Geduld für die von Anfang an langen Lieferzeiten aufbrachte.
Den vom Spatz her bekannten weiß-grauen Teilen wurden anfangs Braun und ein kräftiges Signalrot entgegengesetzt, ein dunkleres Rot gesellte sich später dazu – Rot blieb zuletzt des Stars einzige Farbe. Polierte Leichtmetallfelgen gab es nun auch im Inland und ohne Aufpreis.
Im Februar 1968 erhielt der Star, analog zur Schwalbe, einen überarbeiteten Motor. Das Triebwerk mit der Bezeichnung M 53/1 reduzierte die Drehzahl zur Erreichung der unverändert gebliebenen Höchstleistung (3,4 PS) auf 5.750/min (vorher 6.500), was eine Absenkung des Geräuschpegels und die Verringerung der Vibrationen unter Volllast bewirkte. Mit dem neuen Motor änderte sich die Typenbezeichnung für den Star in SR 4-2/1.
Die Höchstgeschwindigkeit von 60 km/h (meist flog der Vogel noch schneller) hatte zuvor schon bei der Einführung der Schwalbe zu einer Änderung des Gesetzestextes zu den Allgemeinen Zulassungsbestimmungen von Mopeds und Mokicks in der DDR geführt. Nun durfte also auch das neue, sportliche Suhler Mokick ab 15 Jahren und mit relativ leicht zu erwerbendem Mopedführerschein gefahren werden. Ob

Dem SR4-3 wurde der gebläsegekühlte Star-Motor, unter Beibehaltung des Viergang-Getriebes eingepflanzt und die Blechteile mit der olivgrünen Farbe der Automatik-Schwalbe übertüncht. Fertig war das SR4-4 in der preiswerteren Mokick-Klasse.

Trotz längst überholter Bauform und mit 1430 Mark nicht gerade preiswert fuhren die, die es sich leisten konnten, auf den Habicht ab.

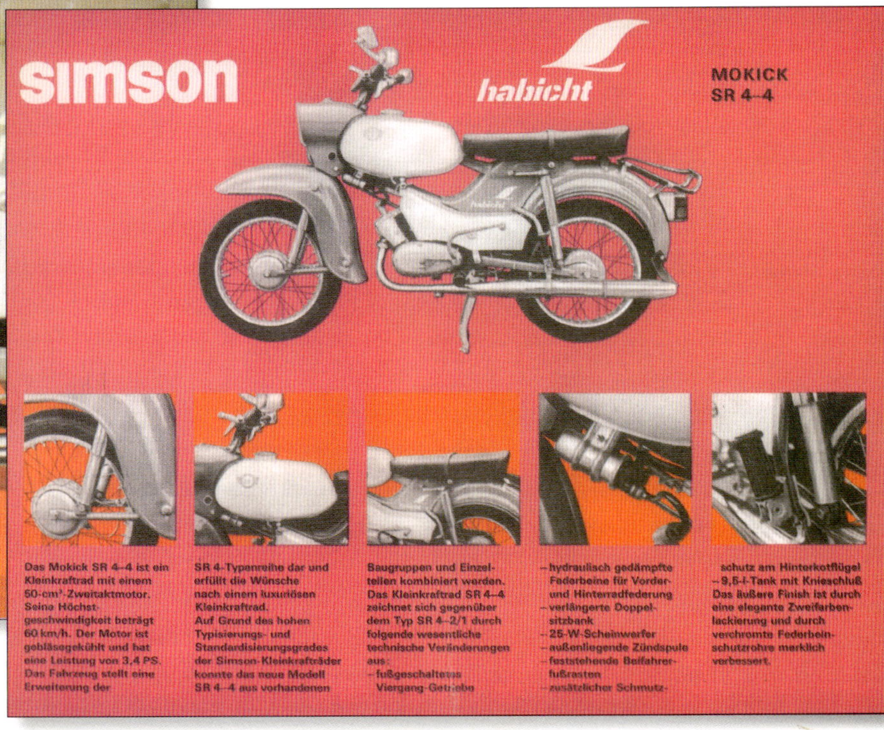

der Richtigkeit dieser Entscheidung wurde in der DDR kontrovers diskutiert. Indes die von vielen Experten vorhergesagten »dramatisch anwachsenden Unfallzahlen« blieben aus, wenngleich eine auch im Osten Deutschlands zunehmende Verkehrsdichte automatisch mehr Unfälle nach sich zog.

SR 4-3 »SPERBER«

Ein Jahr älter (16) musste man sein und einen richtigen Motorrad-Führerschein besitzen, wollte Mann oder Frau den vorerst letzten Simson-Vogel über den Asphalt (besser das Pflaster) jagen.
Dass es leistungsmäßig noch ein über dem SR 4-2 angesiedeltes Zweirad aus Suhl geben würde, stand auch schon 1962 fest. Allerdings sollte es sich anfangs nur in der Motorleistung (4 PS) und einem Viergang-Getriebe vom späteren Star unterscheiden. Doch eine Trendwende in der Entwicklung war längst eingeleitet; internationalen Standards, mit stärkeren Motoren und verbesserten Fahrwerken, war Rechnung zu tragen. So unterschieden sich die Fertigungsmuster 6 bis 11 schon deutlicher vom SR 4-2. Der Motor leistete jetzt 4,6 PS bei 6.800/min und wurde vom Fahrtwind gekühlt. Dafür war die Verrippung von Zylinder und Zylinderkopf großzügiger gestaltet worden. Der starke Motor bedingte eine Fünfscheiben-Kupplung und erhielt einen größeren Ansauggeräuschdämpfer (in die Sitzschale integriert) sowie einen Schwunglicht-Primärzünder mit 6 V, 43 W und eine außen liegende Zündspule. Die elektrische Anlage wies außerdem eine Ladeanlage mit Diodengleichrichtung für die 4,5-Ah-Bleibatterie, die Lenkerblinkleuchten (18 W), Parkleuchte, Tacholeuchte und Leergang-Anzeige speiste, auf. Außerdem sind der 25/25-W-Scheinwerfer und die 18/5-W-Bremsschlussleuchte zu erwähnen.
Den größeren Motorkräften entsprechend, verstärkten die Ingenieure den Rahmen durch einen Tankunterzug zum Sitzschalenträger hin und setzten erstmals hydraulisch gedämpfte Federbeine vorn und hinten ein. Die Sitzbank wurde verlängert und reichte bis an den neuen 9,3 Liter fassenden Knieschluss-Tank.
Für die im März 1966 startende Nullserie gab es noch einmal zwei kleine Veränderungen: Der Lenker wurde ein wenig breiter und die Handhebel für Kupplung und Bremse mit Plastüberzügen versehen. Nach der im Juni anlaufenden Serienfertigung erhielt das hintere Kotflügelende noch einen angesetzten Spritzschutz aus Kunststoff.
Mit seinen werkseitig angegebenen 75 km/h Höchstgeschwindigkeit (die meisten »Sperber« kamen da locker drüber) wurde das SR 4-3 als »Mokrad« (Mischung aus Mokick und Krad) auf dem Markt vorgestellt. Die nun auch in der DDR neu eingeführte Kraftfahrzeug-Kategorie »Kleinkraftrad« ersetzte später diese nicht sonderlich originelle Bezeichnung. Nach der StVZO der DDR, Ausgabe 1969, waren Kleinkrafträder 50-ccm-Zweiräder mit mehr als 60 km/h Höchstgeschwindigkeit.
Obwohl mit 1550 Mark (Ost) erheblich preiswerter als das nächst größere 125er MZ-Motorrad, setzte sich der anfangs rot/hellgrau und bald nur noch hellblau/weiß lackierte Sperber nur schwer auf dem Markt durch. Während vor dem Besteigen des Suhler Zweirades alle Voraussetzungen zum Fahren eines Motorrades, inklusive Steuer und Versicherung, gegeben sein mussten, saß man dann eben doch irgendwie wieder nur auf einem »Moped«. Immerhin verließen bis zu seiner Produktionseinstellung 1972 rund 80.000 SR 4-3 die Suhler Werkhallen.
Bei den Kritikern, immer nach dem »Weltstand« schielend, kam die neue Simson-Entwicklung zu Recht gut weg, vor allem der Motor nötigte durchaus Respekt ab. Allerdings führte seine Leistung, bei relativ hohen Drehzahlen, zu starken Vibrationen. Die Ingenieure versuchten mit einer geänderten Getriebeübersetzung im zweiten und dritten Gang ab Januar 1967 mehr Ruhe ins Spiel zu bringen.

SR 4-4 »HABICHT«

Der fünfte Vogel war zur Hochzeit ursprünglich nicht eingeladen gewesen. Vielmehr sollte die Vogelserie in der ersten Hälfte der siebziger Jahre durch eine neue Mokick-Generation abgelöst werden. Dass sich dieses Vorhaben aufgrund staatlicher Repressalien verzögerte, war des Sperbers Tod und des Habichts Geburtsstunde.

Während im Westen das Wettrüsten um Drehzahlen und PS zwischen Hercules, Kreidler und Co. seinen Höhepunkt erreichte, ging man im Osten einen Schritt zurück. Dabei hätten sich viele Zweirad-Freunde in der DDR den Sperber in neuem, sportlichem Gewand – inzwischen waren Telegabel und offener Rohrrahmen im internationalen Kleinkraftrad-Bau längst an der Tagesordnung – noch einige Jahre länger vorstellen können. Das konnten auch die Suhler Konstrukteure, nur durften sie eben nicht, wie sie konnten – und wollten.

Um zum einen die Wartezeit bis zur Einführung neuer, moderner Mokick-Modelle zu überbrücken und zum anderen die enorme Inlandsnachfrage (außer wenig geliebten Jawa-Mokicks gab es keinerlei Konkurrenz-Produkte), mit bis zu zwei Jahren Lieferfrist, nach 60-km/h-Zweirädern zu befriedigen, kreierten die Thüringer das Mokick SR 4-4.

Bei seiner Vorstellung auf der Leipziger Herbstmesse 1971 stand noch die Bezeichnung »Star« am Tank, denn der Sperber-Nachfolger sollte als »Star de luxe« in die IFA-Verkaufsfilialen kommen. Diese Bezeichnung blieb letztlich aber nur dem Exportmodell vorbehalten, in der DDR kam das Mokick im Januar 1972 als »Habicht« auf den Markt. Dabei war der Vogel-Schriftzug, entgegen bisheriger Praxis, am Schalenrahmen, unter der Sitzbank angebracht.

Bis auf den Motor war alles am Habicht unverändert vom SR 4-3 übernommen worden, lediglich dessen Blau musste einer olivbeigen Lackierung weichen.

Der Motor war das aus Schwalbe und Star bekannte Antriebsaggregat mit Gebläsekühlung, allerdings unter Beibehaltung des Viergang-Getriebes. An dessen Ausgang montierten die Bandarbeiter zur weiteren Geschwindigkeitsreduzierung ein 13er anstelle des 14er Ritzels. Dennoch war der Habicht, trotz der offiziellen, obligatorischen 60 km/h Höchstgeschwindigkeit, etwas schneller als der Star, vor allem auch anzugsstärker in den ersten beiden Gängen. Ein Gebläserad aus glasfaserverstärktem Epoxidharz ersetzte das frühere Leichtmetallrad und sorgte für eine größere Luftmenge im Gebläse. Im Übrigen wurde lediglich zugunsten höherer Fertigungskapazitäten auf den inzwischen in die Jahre gekommenen, zwangsgekühlten Motor zurückgegriffen.

Trotz schönem Titelbild waren die Tester dem ostdeutschen Mofa nicht sonderlich wohl gesonnen.

Der groß dimensionierte Ansauggeräuschdämpfer, der beim Sperber fast den gesamten Platz unter der Sitzbank in der Rahmenschale eingenommen hatte, war wieder auf Star-Größe geschrumpft und ließ mehr Raum für Werkzeug, Glühlampensatz und Ersatzschlauch.

Der Habicht avancierte schnell zum Verkaufsschlager, obwohl er mit 1430 Mark nur wenig preiswerter war als der Sperber, stieg sein Absatz gegenüber dem Vorgänger auf das Dreifache. Die Rechnung der Suhler Kaufleute war aufgegangen.

In Blau und Beige lackiert und mit einer einfachen Vorderradfederung versehen wurden die Suhler Mofas im Laufe des Jahres 1971 angeboten. Nach 18 Monaten und 60.000 Exemplaren wurde die Mofa-Produktion im März 1972 wieder eingestellt.

Immerhin mussten staatliche Preisvorgaben eingehalten werden, die keinen Luxus zuließen. So gab es erst im zweiten Produktionsjahr das Mofa SL1S mit einer Vorderradfederung.

Ausnahmsweise hätten die staatlichen Lenker mit ihrem Votum gegen das Mofa einmal richtig gelegen. Aber die Suhler brachten ihr Baby trotzdem auf den Markt und erlebten damit ein Fiasko. Ein Exportprospekt von 1971.

DAS MOFA SL 1

Während des Wettrüstens westlicher Zweiradproduzenten auf dem Sektor der 50-ccm-Kleinkrafträder, gedachte man zu Beginn der sechziger Jahre auch wieder der früheren Moped- und Hilfsmotor-Kundschaft. Die Bezeichnung »Mofa« wurde neu definiert und auf die speziellen Bedürfnisse älterer, aber auch jugendlicher Personen zugeschnitten. Das bedeutete, oberflächlich betrachtet, einen kräftigen Fahrrad-Rahmen und einen einfachen Motor zu einer ansprechenden Fahrzeugeinheit verschraubt. Simpler und damit meist geringer Federungskomfort, schwache Beleuchtung und schwacher, kaum mehr als 1,5 PS leistender Eingang-Motor mit zusätzlichem Pedaltrieb waren die Zutaten. Das hatte es alles schon mal zehn Jahre zuvor gegeben, nur sah das Ganze jetzt etwas moderner, kompakter und auch einfacher aus und vor allem: ein Rüstungswettlauf war nahezu ausgeschlossen.

Zurück zu den Wurzeln – das schien auch für Simson interessant, zumal man dort vordergründig hoffte, dass ein in großen Stückzahlen produziertes Mofa sowohl neue Käuferschichten ansprach, denen die »Vögel« von Simson zu schnell, zu kompliziert oder zu teuer waren und dass »Vogelinteressenten« in Warteposition auf das schnell lieferbare Fahrzeug umschwenken und die Liefersituation entlasten würden.

Gestützt auf eine Markt- und Bedarfsanalyse und die international enormen Zuwachsraten in der Mofa-Produktion, begann Simson Ende 1967, aufbauend auf frühere Versuche, mit der Entwicklung eines Mofas unter der Bezeichnung LM 5. Der vorab von staatlicher Seite verordnete Endverbraucherpreis (EVP) von 550 Mark legte den Simson-Ingenieuren allerdings ein gewaltiges Hindernis in den Weg. Das war die Hälfte dessen, was das billigste Moped (Spatz) kostete und etwa doppelt so viel, wie für ein durchschnittliches Fahrrad zu bezahlen war.

Für Simson bedeutete dieser Preis eine knallharte Kalkulation und schon im Vorfeld den Abschied von allem Luxus und die Beschränkung auf das Notwendigste. Entsprechend gingen die Konstrukteure ab Januar 1968 ins Detail. Das Fahrwerk stützte sich auf einen einfachen Kastenprofil-Rahmen, der aus gekanteten Blechen zusammengeschweißt wurde. Die seitlich am Zentralkasten angeschraubten Trägerelemente dienten gleichzeitig zur Abdeckung diverser Funktionselemente. Speziell die Verwendung von Rahmenstreben als Kettenschutz war durch ein westdeutsches Patent bis 1972 geschützt, was die Exportfähigkeit des Simson-Mofas bis dahin von vornherein einschränkte.

Die zwei angeschraubten Streben zur Führung des Hinterrades waren oben am Sattelstützrohr und unten an den seitlichen Hauptträgern befestigt. Die ursprünglich abgefederte Vordergabel wich vorerst aus Kostengründen einer starren Gabel mit 65 mm Nachlauf. Auch die letztlich verwendeten Ballonreifen in der Größe 20 x 2,25 waren bis zu Serienbeginn nicht vorgesehen. Das Deutsche Amt für Messwesen und Warenprüfung (das DAMW war der ostdeutsche TÜV) ließ die schmaleren Reifen (20 x 2,00) wegen angeblicher Überlastung nicht zu (die westliche Konkurrenz fuhr fast durchweg die eleganteren Pneus).

Lenker und Sattel waren höhenverstellbar, der Lenker außerdem in seiner Längsachse schwenkbar. Die Laufräder wiesen Stahlfelgen und Simplex-Trommelbremsen mit einem Durchmesser von 90 mm auf. Der über dem hinteren Schutzblech angeordnete Tank (Gepäckträger vor dem Lenkkopf) fasste 3,2 Liter Gemisch 1:33. Der fahrtwindgekühlte, 1,6 PS bei 4.000/min leistende 50-ccm-Motor M 51A war für maximal 30 km/h ausgelegt. Zylinder und Zylinderdeckel aus Aluminium-Druckguss waren liegend angeordnet und großzügig längs verrippt.

Direkt auf der Kurbelwelle saß die trockene, automatische Fliehkraftkupplung. Zwei Fliehbacken wurden bei einer bestimmten Motordrehzahl (1.840/min) gegen die Kupplungstrommel gedrückt. Die Kupplung stellte den Kraftfluss zum Hinterrad her, und übertrug ab 2.740/min das volle Drehmoment. Im Leerlauf war die Kupplung offen, die Fliehbacken wurden durch Zugfedern zurückgehalten. Dieses Prinzip der Kupplungsautomatik war schon bei der Schwalbe S eingesetzt worden.

Von der Kupplung kam die Kraft über eine kleine Keilriemenscheibe mittels Endloskeilriemen zu ihrer großen, auf der Pedalwelle gelagerten Schwester. Diese war wiederum mit dem Antriebskettenrad gekoppelt, welches das Hinterrad mittels Kette antrieb. Ein Getriebe gab es also nicht.

Zum Fahrrad fahren befand sich ein zweiter Kettentrieb auf der rechten Fahrzeugseite. Über einen zwischengeschalteten Freilauf konnte beim Fahren mit Motorkraft mitgetreten werden.

Im Mai 1970 baute Simson drei Nullserienfahrzeuge auf und ließ im August auf Anordnung des DAMW fünf weitere folgen. Da hatte offiziell die Serienfertigung längst begonnen (20. Juli 1970); allerdings konnte wegen fehlender Druckgussteile für den Motor, die aus Jugoslawien importiert wurden, bis Mitte August faktisch kein Fahrzeug das Suhler Werk verlassen. Auch sonst schleppte sich der Mofa-Start träge dahin und kam erst im Spätherbst richtig auf Touren.

Trotz äußerster Sparsamkeit gelang es bei weitem nicht, die Preisvorgabe einzuhalten. So erwiesen sich die 695 Mark, für die das Fahrzeug schließlich in den Handel kam, als eine der Hürden im Wettlauf um die Kundschaft. Die Gewinnkalkulation war eng und fußte auf klaren Planvorga-

Selbst für das 30 km/h langsame Mofa musste eine Führerscheinprüfung abgelegt und ein Helm getragen werden; da setzte sich die umworbene Klientel doch lieber gleich auf einen Star oder eine Schwalbe.

»Mofa« war ursprünglich die Bezeichnung für die seit den dreißiger Jahren produzierten Motorfahrräder, meist mit Einbaumotoren für von Fichtel & Sachs oder Ilo versehen. In den sechziger Jahren definierten westliche Hersteller den Begriff neu.

ben: 1971 hätten 35.000 Mofas, 1972 50.000 und 1973 gar 70.000 Leichtmopeds das Suhler Werk verlassen müssen. Erst danach hätte man die Investitionssumme von rund 6,6 Millionen DDR-Mark wieder eingefahren.

Aber es kam alles anders. Da hatte es nun zum ersten Mal in der Kraftfahrzeuggeschichte der DDR eine Marktanalyse gegeben und prompt lag diese gründlich daneben. Unter anderem waren sicherlich die Helmpflicht und die Einführung eines – wenn auch einfachen – Führerscheins mit dafür verantwortlich, dass die Lust am motorisierten Fahrrad fehlte. Und dann spielte auch noch die Presse nicht so richtig mit; bemängelte vor allem das billige Aussehen und diverse technische Probleme, die bei Testfahrten auftraten. Die Simson-Techniker waren längst am Nachbessern, als schon im Frühjahr 1971 die Nachfrage ins Stocken geriet und wieder mal auf Halde produziert wurde.

Ab Mitte August durfte dann mit staatlicher Genehmigung doch die Vorderradfederung eingesetzt werden. Eine aus früheren Simson-Tagen bekannte, um das Schutzblech herum laufende Kurzschwinge mit Schraubenfedern machte das Fahren mit dem Mofa angenehmer. Das neue SL 1 S erhielt zudem einen zusätzlichen Gepäckträger über dem Tank und eine marmorweiß/blaue Lackierung. Der Preis blieb unverändert bei 695 Mark, das beige/rote SL 1, nach wie vor im Angebot, konnte nun für 55 Mark weniger geordert werden.

Trotz allem stagnierte die Nachfrage; die hohen Erwartungen, die in das Mofa gesetzt wurden, erfüllten sich nicht. Dennoch wollte Simson – an die Zukunft glaubend – um jeden Preis in diesem Fahrzeugsegment präsent bleiben. Die Firmenleitung legte Pläne zur Produktionsverteilung mit einer Stückzahlreduzierung und die Konstruktion des sehr ansprechenden Nachfolgetyps SL 2 mit der Bezeichnung »top mofa« vor. Die Wirtschaftsstrategen indessen blieben davon unbeeindruckt und ordneten den Produktionsstop zum 31. März 1972 an.

Der Motor durfte noch einige Jahre das Messer eines Rasenmähers rotieren lassen, den Import von tschechischen Mofas in die DDR erlebte auch er nicht mehr.

5

S 50 – DIE DRITTE GENERATION

Schon im Januar 1970 legten die Suhler ein neues »Einheitssystem« mit den Modellvarianten S 50 (Ablösung Star), S 50 S (Ablösung Sperber) und S 100 auf Kiel. Basierend auf dem bis dato vorhandenen Entwicklungsstand ergab sich eine gravierende Änderung: Das hochgestellte Fahrzeugheck, mit eng anliegendem, mitschwingendem Schutzblech, war den Direktoren zu avantgardistisch und musste einem konventionellen Heck mit gerader Sitzbank weichen, welche auf dem fest am Rahmen verschraubten Kotflügel lag.

Das S 50 S, als »entfesselter Fünfziger«, sollte nun den Sperber in der Leichtmotorrad-Klasse ablösen und zu diesem Zweck einen neuen Motor erhalten. Der M 55 schaffte 5,6 PS bei 8.000 /min und wies ein modernes Fünfgang-Getriebe auf. Ab Oktober 1973 sollte es, wie alle anderen Neuschöpfungen auch, in Serie gehen. Doch diese Pläne wiesen eine kurze Halbwertzeit auf. Nach nicht einmal einem Jahr, im November 1970, nahm man den »Entfesselten« an die Kombinatskandare und – komplett aus dem Programm. Es war die Geburtsstunde des SR 4-4 – Habicht!

Alle Kapazitäten sollten auf das 60 km/h-Mokick konzentriert und andere Entwicklungen zurückgestellt werden. Dies galt auch für das geplante Motorrad S 100. Der Nachfolge des SR 4-2/1 Star allein (von Mofa und Habicht abgesehen) galt

Für 1200 Mark war der Einstieg in die neue S50-Serie möglich. Dafür gab es das »N«-Modell mit konventioneller Elektrik und ohne Blinkleuchten. Der weiterentwickelte Dreigang-Motor M53/2 mit 3,6 PS werkelte zunächst in allen S50-Varianten.

ab 1971 alle Aufmerksamkeit der Simson-Techniker. Zum Ende des Jahres, als bereits fast acht Millionen Mark in die Nachfolge der Vogelserie investiert waren, sah die neue S 50-Baureihe drei Varianten vor: Das S 50 N als Grundmodell mit überarbeitetem M 53-Motor, der 3,6 PS bei 5.000 /min leistete und 60 km/h zuließ. Die Variante S 50 NE als Export-Modell mit gedrosseltem 2,7 PS-Motor (4.000 /min) und schließlich das Modell S 50 NL (L für Luxus) mit Viergang-Getriebe und Vier-Leuchten-Blinkanlage.

Die ersten Prototypen standen im Sommer 1972 zur Erprobung bereit. Schon während ihrer Aufbauphase ahnten die Kaufleute kommende Schwierigkeiten bei der Kostendeckung und überarbeiteten die Sortimentsgestaltung noch einmal. Dem Standard-Modell »N« stellte man jetzt nur noch eine »B«-Variante mit Blinkleuchten und besserer elektrischer Anlage – aber auch nur mit dem herkömmlichen Dreigang-Motor – zur Seite. Da der Versuchsbau noch mehr Zeit für Kosten senkende Maßnahmen benötigte – die Telegabel wurde unter anderem immer wieder überarbeitet – und man die Zulieferer nachziehen lassen musste, verschob sich der Serienstart weiter nach hinten. Endlich, im August 1974, standen die Fertigungsmuster bereit und im September konnte die Nullserie anlaufen. So war Simson noch rechtzeitig für die Leipziger Herbstmesse gerüstet, wo das S 50 schließlich planmäßig mit Messegold dekoriert werden sollte.

Um den Modellwechsel möglichst reibungslos zu bewerkstelligen, entschied die Abteilung Absatz, zunächst nur eine Modell-Variante, das S 50 B, ins Rennen zu schicken. Im Februar 1975 begann dessen Serienproduktion.

Und so sah der Aufbau der S 50-Mokicks aus: Das Grundgerüst bildete ein Brückenzentralrohr-Rahmen aus nahtlos gezogenem Rohr, dem ein zusätzlicher Heckrahmen angeschraubt war. Die Vorderradfederung hatte schließlich eine ungedämpfte Teleskopgabel mit 130 mm Federweg und hydraulischem Endanschlag übernommen. Hinten kamen die bereits bekannten, hydraulisch gedämpften Federbeine mit 85 mm Federweg zum Einsatz. Räder und Bremsen hatten ebenfalls bereits bei der Vorgängerserie ihre Arbeit getan. Jetzt waren sie lediglich an Rahmen und Fahrwerk angepasst worden. Ein Gestänge ersetzte zudem den Seilzug der auf das Hinterrad wirkenden Fußbremse. Die um 45 mm verlängerte Sitzbank schloss direkt an den etwa 9,5 Liter fassenden Knieschlusstank an. Lampe und Tachometer waren in getrennten Gehäusen untergebracht, wobei der Lampentopf, im Gegensatz zum Gesamterscheinungsbild des neuen Mokicks, einen recht hausbackenen Eindruck hinterließ.

Obwohl äußerlich stark verändert, war der Motor immer noch das 15 Jahre zuvor entwickelte Triebwerk, jetzt mit der Bezeichnung M 53/2. Für seine Umstellung auf Fahrtwindkühlung mussten Zylinder und Zylinderkopf deutlich großzügiger verrippt werden. Durch die Anhebung des Drehmoments und eine geringe Leistungssteigerung auf 3,6 PS bei nunmehr 5.500 /min, bekam das S 50 mit drei Gängen, gegenüber dem Habicht mit Viergang-Triebwerk, mehr Spritzigkeit und einen harmonischeren Lauf. Natürlich trug die schwingungsarme Zweipunktaufhängung das Ihrige dazu bei. Wie auch zur Geräuschminderung im Zusammenspiel mit einem fünffach größeren Ansauggeräuschdämpfer, der unter dem linken Seitendeckel zu finden war. Die Abgasanlage blieb gegenüber den Vorgängern unverändert, wanderte aber motorradgemäß auf die rechte Seite.

Dank eines nadelgelagerten Kolbenbolzens konnte die Ölbeimischung auf 1:50 gesenkt werden, vorausgesetzt man fuhr den teureren VK 88. Diese Mehrkosten sparte der S 50-Fahrer aber rasch wieder

ein, denn der Durchschnittsverbrauch von 2,5 bis 2,7 Liter/100 km lag deutlich unter dem der SR 4-Reihe.

Die Lackierung teilte sich in drei Zonen auf: Schwarz für den Rahmen und die kleineren Anbauteile, Aluminiumgrau für die Schutzbleche und eine knallige Farbe für die Tank-Seitendeckel-Kombination. Hier waren Blau für das N-Modell sowie Saharabraun, Rapsgelb, Kirschrot und Saftgrün für die B-Variante vorgesehen. Das musste man dem Farbenlieferanten aber wohl zu spät mitgeteilt haben, denn diesem war zunächst einmal alles grün. Simson S 50 B hieß also die erste Variante, die im zeitigen Frühjahr 1975 an die Händler ausgeliefert wurde. »B« stand für Blinkleuchten (vier an der Zahl mit je 21

Diese Detailfotos des S 50 ließ das Simson-Werk noch von Vorserien-Modellen im Sommer 1974 anfertigen. Die rote Lackierung tauchte später in der Serie nicht mehr auf und neben anderen Kleinigkeiten änderten sich noch die Typenaufkleber auf den Seitendeckeln.

Watt) und eine gegenüber dem Standardmodell bessere elektrische Anlage. Dafür war hinter dem Deckel des Werkzeugkastens eine 6V/12Ah-Batterie verstaut. Am Deckel selbst steckte der abziehbare Zündschlüssel mit dahinter liegendem Zündanlassschloss. Die Batterie lud sich während des Fahrbetriebes auf. Bis auf die zwei zusätzlichen Blinkleuchten also nichts Neues im elektrischen Bereich. Im Gegenteil: Die Tester vermissten Lichthupe und Parkleuchte, die es zuvor an Simson-Mokicks schon gegeben hatte. Auch der 15/15-Watt-Scheinwerfer war ein Rückschritt. Dennoch kostete das S 50 B mit 1510 Mark 320 Mark mehr als der Star und sogar noch 80 Mark mehr als der komfortable Habicht.

Um nun dem immer noch heiligen Gesetz der Preisfestschreibung nach der Einstellung der SR 4-2/1-Produktion gerecht werden zu können, reichte Simson im August 1975 das ebenfalls 1200 Mark teure S 50 N nach. Dessen Fahrer musste nicht nur gänzlich auf Blinkleuchten verzichten, auch ein Zündschloss suchte er vergebens und das Signalhorn, von vier Monozellen gespeist, war, wie zu SR 2E-Zeiten, zur »Schnarre« degradiert worden. Der Motor konnte mittels Kickstarter frei gestartet und mit einem am Gasdrehgriff angebrachten »Kurzschlussknopf« wieder abgestellt werden. Für das Einstiegsmodell benötigte der Beifahrer erneut gesunde Kniegelenke, denn die Fußrasten befanden sich an der Schwinge (beim S 50 B am Rahmen). Geschwärzte Stoßdämpferhülsen hinten (am S 50 B verchromt) sowie matte Lenker- und Schutzblechbefestigungen, gegenüber polierten am S 50 B, waren die weiteren Unterscheidungsmerkmale.

Das S 50 N war eine Alibilösung für die staatlich geforderte Preisstabilität. Die neuen Mokicks waren in der Herstellung teurer geworden und forderten somit Kompromisse förmlich heraus. So spielte das Einstiegsmodell eine eher unbedeutende Rolle; sein Produktionsanteil lag nur im ersten Jahr über 20 %. 1975 produzierte Simson insgesamt 96.000 S 50, davon 76.000 B-Varianten.

Von den mäßig kritisierten Komfortrückschritten abgesehen, nahmen Publikum

und Fachpresse die neuen Simson-Zweiräder zu Recht mit Beifall auf. Die Medien waren besonders dankbar; durften sie doch nach Jahren der Stagnation endlich wieder ein wirklich neues Produkt der sozialistischen Kraftfahrzeugindustrie präsentieren.
Insgesamt hinkten die Suhler dem »Weltstand« dennoch ein wenig hinterher – jedoch keineswegs die berühmten zehn Jahre, die man der DDR-Industrie damals im Allgemeinen nachsagte. Zu Beginn der Entwicklung hatte Simson im Westen eine Zündapp C 50 Sport und eine Her-

Seit mehr als zwanzig Jahren geben Simson-Kleinkrafträder in der 50-cm³-Hubraumklasse mit den Ton an.
Die seit einem Jahrzehnt gepflegte Modellreihe der Suhler „Vogelserie" – vom früheren „Spatz" über den „Sperber" bis hin zu den derzeitig im Fertigungsprogramm vorhandenen Erfolgstypen „Star", „Schwalbe" und Mokick SR 4-4 – verließ das Werk inzwischen in mehr als einer Million Exemplaren. Die systematische Modellpflege, der die Simson-Fahrzeugbauer gegenüber mehr oder weniger kurzlebigen Modetendenzen ihrer internationalen Konkurrenz den Vorzug gaben, hat den Suhler Kleinkrafträdern einen kaum noch zu überbietenden technischen Reifegrad verschafft. Leistungsstark, robust und zuverlässig – das sind auch im Ausland unbestrittene Prädikate Suhler Qualitätsarbeit.

hartem Sporteinsatz erprobter Technik und aktuellem Mokickstil. Das Neue besticht durch betont sportliche Note und attraktive Farbgebung. Sein Finish wird vor allem jugendliche Kleinkraftradinteressenten begeistern, die ein kleines Fahrzeug im Stil größerer Maschinen mehr und mehr bevorzugen.

Dem Wunsche vieler Mokickfreunde, auch einmal abseits der Straße zu fahren und dabei sicher im Sattel zu bleiben, trugen die Simson-Konstrukteure mit einem nicht nur optisch sportlichen Einschlag Rechnung, dem das neue Fahrzeug seine Typenbezeichnung „S 50" verdankt. Größerer Komfort und höherer Gebrauchswert mußten aber ebenso mehr Sicherheit einschließen, Sicherheit, die auch bei Mokicks der angewachsenen Verkehrsdichte Rechnung trägt. Und schließlich sollten neben geringerem Wartungs- und Pflegeaufwand auch

Guter Ruf verpflichtet. Die Suhler Konstrukteure und Techniker wissen das nicht erst seit heute. Sie haben die Zeit genutzt zu intensiver Entwicklungsarbeit auf der Basis einer exakten Marktforschung und aussagekräftiger Analysen der von In- und Auslandskunden mehr und mehr bevorzugten Gebrauchswerteigenschaften bei derartigen Kleinkrafträdern. Das Ergebnis dieser langjährigen Forschungsarbeit und umfassenden praktischen Erprobung präsentiert sich nun erstmalig dem Publikum der Leipziger Herbstmesse 1974: das Mokick S 50. Das neue Simson-Mokick S 50 bietet bewährte Simson-Qualität, gepaart mit neuer, auch in

eine längere Lebensdauer aller wichtigen Verschlei
teile garantiert werden.
Daß die künftig in großer Stückzahl produzierten Klei
kraftfahrzeuge „umweltfreundlich" gefahren werde
können, auch dafür sorgten die Schöpfer des „S 50
konsequent. Der kleine, vom Fahrtwind gekühlte Ei
zylinder-Zweitaktmotor mit der Typenbezeichnun
M 53/2 kommt mit einem Kraftstoff-Ölgemisch im Ve
hältnis 50:1 aus. Damit zählt er im internationale
Mokick-Angebot zu den vorbildlich umweltfreundliche
Spitzenreitern. Diese Position errang das neue Simso
Mokick, jedoch nicht nur durch Präzision in der Fert

Politische Entscheidungen waren dafür verantwortlich, dass erst nach elf Jahren »Vogelflug« eine neue Mokick-Generation in Suhl gebaut werden durfte. Den sportlichen Motorrad-Charakter des S50 prägten vor allem die Telegabel, die elastische Motoraufhängung und die komfortable Sitzbank.

Das S50 B (ab 1976 B1) wartete unter anderem mit Vierleuchten-Blinkanlage, Lichtmaschine samt Bleiakku und drei verschiedenen Lackierungen auf. Der geschwungene, verstellbare Lenker ließ eine sehr bequeme Sitzhaltung zu.

cules MK 4 M gekauft. Sie dienten nicht in erster Linie zum »Abkupfern«, sondern, im Gegenteil, dem Vermeiden von Patentverletzungen. Für den direkten Vergleich waren sie schon wegen ihrer gedrosselten Motoren und der Höchstgeschwindigkeit von 40 km/h kaum tauglich. Das galt auch für die im freien Wettrüsten im Westen entstandenen »entfesselten« Fünfziger der Leichtkraftrad-Klasse. Von dieser Entwicklung hatte man sich in Suhl ja leider abkoppeln müssen. Dabei hätten auch ambitionierte Teenager in der DDR gerne so etwas wie eine Kreidler Florett TM mit 5,3 PS, eine noch stärkere Hercules Ultra oder eine wassergekühlte Zündapp KS50 ihr Eigen genannt.

Aber mit gut 60 km/h und einem ordentlichen Anzugsvermögen fuhr man auch auf dem S 50 nicht schlecht und allemal besser als auf dem zu dieser Zeit in der DDR erhältlichen CSSR-Import Jawa 50 »Mustang«. Schon im Verlaufe des ersten Produktionshalbjahres nahm sich Simson der Kritiken an und brachte im Herbst die ersten S 50 B1-Modelle auf den Markt, die ab Januar 1976 das S 50 B vollständig ablösten. Ein Standlicht mit 4 W Scheinwerferleistung und dem 5-W-Rücklicht ersetzte die bei der Vogelserie übliche Parkleuchte. Auch ein Lichthupenknopf fand sich nun wieder an der linken Lenkerseite. Ein neuer Schwunglichtprimärzünder brachte eine 25/25 W Biluxlampe zum Leuchten. Dessen Zündspule musste zur Kühlung wieder außen (unter dem Tank) liegen und war einziges, äußeres Erkennungsmerkmal der Weiterentwicklung. Dass sich der Lichtaustrittsdurchmesser um 6 mm vergrößert hatte, bemerkte niemand. Schraubte man den Werkzeugdeckel ab, kam eine zusätzliche Drosselspule zur Verstärkung der Ladeanlage zum Vorschein. Der Preis blieb gegenüber dem S 50 B unverändert; »Rationalisierungsmaßnahmen, vor allem durch die Umsetzung von Neuerervorschlägen« hatten das laut Simson-Presseinformationen möglich gemacht.

Anders verhielt es sich beim zusätzlich ins Lieferprogramm aufgenommenen S 50 B2 electronic. Sofern der Kunde bereit war, 1680 Mark für ein Mokick auszugeben, durfte er das neue Simson Top-Modell ab Spätherbst 1976 bestellen. Zwei bis vier Jahre später erhielt er dann das äußerlich nur durch ein dreieckiges Bild mit Lichtblitz und electronic-Schriftzug zu unterscheidende Fahrzeug. Die unterbrecherlose, elektronische Zündanlage, deren Steuerung im Kasten des Ansauggeräuschdämpfers mit untergebracht war, steigerte die

Prospekte in englischer Sprache, wie dieses von 1975, waren für Simson längst selbstverständlich. Neben den meisten osteuropäischen und einigen afrikanischen und asiatischen Ländern exportierten die Suhler ihre Fünfziger auch in einige westliche Länder.

In den späten Siebzigern produzierte Simson knapp 180.000 S 50-Fahrzeuge jährlich. Trotzdem konnte die Nachfrage im Inland nicht abgedeckt werden; Wartezeiten von einigen Monaten bis zu mehreren Jahren entstanden. Ein Prospekt von 1979.

Lichtausbeute des Scheinwerfers noch einmal auf 35 W. Die Tester bescheinigten dem S 50 B2 neben dem geringeren Wartungsaufwand auch einen deutlich niedrigeren Kraftstoff-Verbrauch.

Nach gut drei Produktionsjahren erfuhren die S 50-Mokicks eine deutliche optische Veränderung. Der »Bananentank« mit 8,7 Liter Inhalt ersetzte den bisherigen Knieschluss-Kraftstoffbehälter und verlieh dem Zweirad eine noch gestrecktere, sportlichere Note. Ebenfalls neu für das Modelljahr 1978, in dem übrigens 179.000 Mokicks in Suhl von den Hängebändern liefen, waren schwarze statt der bisher grauen Isolierhüllen an Bowdenzügen und Tachowelle.

Einher mit dem neuen Outfit ging eine Verstärkung von Rahmen und Fahrwerk. Die Laufräder erhielten an den Naben eine zusätzliche Verrippung und eine zweimalige Speichenkreuzung ersetzte die vorher einfache. In das hintere Schutzblech schweißten Automaten einen kräftigen Steg ein.

Die bisherige Farbgebung änderte sich trotz der neuen Tanks nicht.

Als Spitzenmodell ging im Herbst 1976 das S 50 B2 mit elektronischer Zündanlage und sehr guten Lichtverhältnissen in die Serienproduktion. Der Preis von 1680 Mark war allerdings bis dato auch Suhler Spitze.

Ein neu gestalteter Kraftstofftank, ab 1978 in die Serienfertigung eingeführt, beeinflusste die gesamte Optik der S 50-Typen. An diesem Bild sollte sich aber nun zwölf Jahre lang nichts Gravierendes mehr ändern…

6

S 51 UND S 70

Auf den Zeichenbrettern der Konstrukteure und in den Werkstätten der Versuchsbauer waren schon zehn Jahre zuvor neue Motoren für den Antrieb der dritten Simson-Generation entstanden. Doch für Fahrzeug und Triebwerk hatten die staatlich zugeteilten Investitionssummen seinerzeit nicht gereicht. Außerdem war die schwerfällige Zulieferindustrie weiterhin nicht in der Lage, den Forderungen der Fahrzeughersteller gerecht zu werden. Im Gegenteil, mit der Abwendung des staatlichen Interesses vom Kraftfahrzeugbau in der DDR und den zunehmenden Verfallserscheinungen der Betriebe, im Einklang mit dem Desinteresse der Arbeiter und Angestellten, wurde es zunehmend schwieriger, entscheidende Innovationen in eine Serienproduktion umzusetzen.

Immerhin konnte die Parteipresse die Nullserienfertigung des neuen Simson-Motors M 531/541 zum 7. Oktober 1979, dem 30. Gründungstag der DDR, vermelden. Das Warten hatte sich zweifellos gelohnt, denn was da von den inzwischen erfahrenen Motorkonstrukteuren an technischem Know How in die schöne Form des Motors gepackt wurde, gehörte unter den Zweitaktmotoren der Schnapsglasklasse zweifellos zur Weltspitze. Vor allem durch das Fehlen eines Viergangtriebwerks war man von dort weit abgerückt; der M 541 schloss die Lücke nach vier Jahren wieder.

Die Typenreihe S 51 präsentierte sich zu Beginn des Jahres 1980 äußerlich fast unverändert. Kernstück der überarbeiteten Mokicks war der völlig neu entwickelte Motor M 531/541 mit drei oder vier Gängen, der zuvor schon in die neue Schwalbe eingebaut worden war.

Äußerlich unterschied sich der neue Motor vom bis dato 1,95 Millionen Mal gebauten M 53 durch ein glatteres Kurbelwellen- und Getriebegehäuse, auf dem der alles dominierende, noch kräftiger verrippte Zylinder mit neu gestaltetem Zylinderkopf saß. Der Kupplungsdeckel trug die Ziffer 3 oder 4, je nach der Gangzahl des Getriebes. Der neue Fünfziger geriet mit 44 mm Hub und 38 mm Bohrung zum Langhuber, was den Plänen einer späteren Hubraumvergrößerung durch Aufbohren entgegenkam.

Während sich die Leistung nur geringfügig erhöhte (3,7 PS bei 5.500/min), konnte das Anzugsvermögen im unteren Drehzahlbereich noch einmal deutlich gesteigert werden. Damit schwammen die neuen Mokicks noch besser im Straßenverkehr mit. Zur Verbesserung der Motorcharakteristik waren auch Ansauggeräuschdämpfer mit Vergaser und die Abgasanlage geringfügig überarbeitet worden. Geräuscharmut, geringer Verbrauch (durchschnittlich 2,4 l/100 km)

und noch geringerer CO_2-Ausstoß waren von den meisten westlichen Herstellern nicht zu unterbieten. Den Kraftschluss zum neuen Ziehkeilgetriebe besorgte eine Vierscheiben-Tellerfederkupplung. Völlig neu war auch der Kickstarter, der nicht mehr in das jahrzehntelang bekannte Zahnsegment, sondern in eine robuste Stirnverzahnung eingriff.
Langlebig und zuverlässig sollte das neue Triebwerk sein, und wahrlich setzte es diese, seit einem Vierteljahrhundert bei Simson-Mopeds geschätzten Tugenden in einer neuen Dimension fort. Von diesem großen Wurf zehrten die Simson-Leute noch nach über 20 Jahren.

Da in der mittleren Ausstattungsvariante zwischen Drei- und Vierganggetriebe gewählt werden konnte, erhöhte sich die Angebotspalette gegenüber dem S 50 auf vier Modelle.

DIE S 51-REIHE

Zunächst trieb er aber erst einmal – nach der Schwalbe – die Mokicks der neuen Typenreihe S 51 an, die im Sommer 1980 die S 50-Modelle ablöste. Wem nun Motor gleich Motor war, erkannte die Weiterentwicklung vielleicht eher am endlich flachen Kunststoffgehäuse des Scheinwerfers oder dem neuen Kombinationsschalter für Licht, Blinker, Signalhorn und Lichthupe an der linken Lenkerseite. Weniger auffällig einige Details, die zuletzt schon in die S 50-Produktion eingeflossen waren: Die härter eingestellte Vordergabel, ein veränderter Weg des Bremsgestänges für die Hinterradbremse oder die Erhöhung des Ladestroms der 12-Ah-Batterie.

Die einzelnen Modelle der Reihe wiesen noch einmal kleine Detailveränderungen und -unterschiede auf. Im Angebot waren nun:
S 51 N – das Grundmodell mit Dreigang-Getriebe fuhr weiterhin ausschließlich in Blau und mit vereinfachter elektrischer Ausrüstung. Immerhin hatte sich die Lichtleistung auf 25 W erhöht, was in Verbindung mit der Primärzündung nun auch eine außen liegende Zündspule bedingte.
S 51 B1-3 – die 3 stand für Dreigang-Motor und auch sonst hatte sich ausstattungsmäßig gegenüber dem S 50 B1 nichts geändert.
S 51 B1-4 – Endlich gab es aus Suhl wieder ein Zweirad mit Viergang-Schaltung. Das blieb aber auch schon der einzige Unterschied zum S 51 B 1-3 (S 50 B1).
S 51 B2-4 – Das neue Spitzenmodell aus Suhl wies neben dem vierten Gang einige weitere Änderungen gegenüber dem S 50 B2 auf: 60-mm-Tacho mit Blinkkontrollleuchte, 120-mm-Rückspiegel und freiliegende, mit schwarzem Kunststoff beschichtete Federn der Hinterradfeder-

Das Rezept für die S 51 Enduro war einfach gestrickt: Auspuff und Lenker nach oben, zwei zusätzliche Rahmenunterzüge, Schutzbleche aus Kunststoff – fertig war der Traum vieler Jugendlicher in der DDR.

beine. Außerdem waren die Lenkergriffe längs verrippt und stärker profiliert. Neu im Farbprogramm und ausschließlich diesem Modell vorbehalten, war ein kräftiges, dunkles Grün (»Billardgrün«).

Mit 1995 Mark war das neue Top-Modell deutlich teurer als sein Vorgänger (1680 Mark). Die berühmteste Formel in der DDR der achtziger Jahre, wonach »Gebrauchswerterhöhung« gleich Preiserhöhung bedeutete, blieb auch im thüringischen Suhl nicht unbekannt und war fest in die Rechenschieber der Preisgestalter eingraviert.

Eine andere Seite des Formelheftes schlug der Volkseigene Außenhandelsbetrieb auf, als es darum ging, auf dem westlichen Markt – und hier insbesondere in der Bundesrepublik – (wieder) Fuß zu fassen. Mit vier Gängen traute man sich zurück auf den zu Beginn der achtziger Jahre stark schwindsüchtigen westdeutschen Mokick-Markt. Für 1582 harte D-Mark bot die Stuttgarter Reifengroßhandlung Lange das Simson Top-Modell an. Simson S 51 B hieß es hier schlicht und wies die den ostdeutschen Kunden vorenthal-

Die Federbeine des S 51 Enduro ließen sich entsprechend der Belastung einstellen. Ab 1986 – aus diesem Jahr stammt auch dieser Prospekt – waren an Telegabel und Gepäckständer Seitenrückstrahler angebracht.

Nach jahrzehntelanger Preisstabilität in der DDR durfte in den achtziger Jahren einer »Gebrauchswerterhöhung« auch eine Preiserhöhung folgen. Vielleicht hat diesem Umstand das S 51 Comfort, ab 1983 gebaut, seine Existenz zu verdanken. Die in diesem Prospekt gezeigte Lackierung gab es in der Serie nicht.

Für den hohen Preis zu bieder und zu stark an die anderen Serienmodelle angelehnt, meinten Kritiker. Tatsächlich sahen Enduro-Mokicks westlicher Prägung Mitte der achtziger Jahre mehr nach Feld, Wald und Wiese aus.

tenen Faltenbalge und Spiegel (rechts) auf. Für die immer noch geltenden 40 km/h Höchstgeschwindigkeit drosselten die Techniker den Motor auf 2,8 PS. Auch eine 3,4 PS-Variante für 50 km/h war erhältlich. Die Verkaufszahlen hielten sich in engen Grenzen, wenngleich dem Fahrzeug durchaus gute Noten hinsichtlich Fahrkomfort, Fahrleistungen und Wartungsfreundlichkeit attestiert wurden. Für das Aussehen, das auf der Leipziger Herbstmesse 1979 wieder mal für Gold gesorgt hatte, reichte es bei den westlichen Begutachtern nur zu »schlichtes Aussehen«, »kurioses Finish« oder gar »schlechtes Design«. Mit der Einführung des S 51 C Anfang 1983 werteten die Suhler das S 51 B 2-4 auch für die DDR-Kundschaft auf. Mit Plasthandhebeln, zweitem Spiegel und Faltenbalgen mutierte es zum S 51 B 2-4/1.

S51 E – Im Osten ging man indes weiter daran, die gestiegene Kaufkraft der Bürger nach Kräften abzuschöpfen und brachte im Dezember 1981 die Enduro-Variante S 51 E zur Serienproduktion. Mit 2390 Mark kostete das aktuelle Spitzenmodell fast doppelt soviel wie das S 50 N zu Festpreis-Zeiten. Dafür gab es nun auch im Osten die Faltenbalgabdeckungen der Telegabel-Federwege und den zusätzlichen rechten Spiegel am höher gezogenen Lenker. In die Höhe ging es auch mit dem Auspuff, der im Bereich der Fahrer- und Beifahrerbeine (denen er ständig im Wege war) mit einem schwarzen Schutzgitter ummantelt wurde. Durch den höheren Auspuff mussten die hinteren Blinklichter über die neue, vergrößerte Rückleuchte gesetzt werden. Der Kickstarterhebel war einklappbar und die von der MZ ETZ 250 abstammenden Federbeine konnte der Enduro-Besitzer entsprechend der Soziusbelastung oder des Geländebetriebes einstellen. Für eine bessere Stabilität des Rahmens schraubten die Montagearbeiter je zwei Verstrebungen in Form von Unterzügen an. Auch die jetzt verwendeten Stahlfelgen sollten den Belastungen von Wald und Wiese besser standhalten, insbesondere wegen des harten Endanschlages der Telegabel. Die aufgezogenen Reifen mit Stollenprofil K 32 hatte eigens der VEB Reifenwerk Heidenau für Simson entwickelt. Für ein sportliches Erscheinungsbild sollten außerdem die versteppte, hinten etwas aufgepolsterte Sitzbank sowie gekürzte Schutzbleche sorgen.

Der Viergang-Motor blieb gegenüber den Straßenvarianten unverändert.

Nach zwölf Jahren wagten sich die Suhler wieder in die Motorrad-Klasse zurück. Nannte man den Sperber noch »Kleinkraftrad«, war jetzt die Bezeichnung »Leichtkraftrad« angesagt.

Lackiert wurde ausschließlich in metallic Grau, oder, wie es offiziell hieß, in »Metalleffekt-AL-Silber-Farbton«.

Das nun fünfte Modell der aktuellen Mokick-Reihe hatte zweifellos einen gewissen sportlichen Charakter – ein richtiges Enduro-Mokick mochten sich aber auch im Osten viele anders vorgestellt haben.

Mit der Einführung des S 51 E und dem Beginn des Modelljahrs 82, in dem übrigens am 11. März das viermillionste, motorgetriebene Simson-Zweirad von den Bändern lief, prangte nun ein augenfälliger, fetter Simson-Schriftzug am Tank.

Um der Preiskritik den Wind aus den Segeln zu nehmen, reichte Simson 1984 eine abgespeckte Enduro-Variante unter der Bezeichnung S 51 E/4 nach. Mit der Elektrik des N-Modells und ohne verstellbare Federbeine konnte der Preis knapp unter 2000 Mark gehalten werden.

Ganz anders sah das beim dritten Enduro-Modell aus: Ab 1987 konnte die Fünfziger wahlweise mit hochgezogenen Kunststoffkotflügeln unter der Bezeichnung S 51 E II geordert werden.

S 51 C – Ab Januar 1983 ging die sechste Mokick-Variante, das S 51 Comfort, in die Serienproduktion. Zum selben Preis wie die Enduro angeboten, hatte man an diesem alle, speziell für die Geländetauglichkeit angebrachten Features wieder weggelassen. Die sonstigen »Gebrauchswertsteigerungen« blieben erhalten und wurden durch einen Drehzahlmesser, eine Seitenstütze (zusätzlich zum Hauptständer), geschwärzte Motorteile und neue Reifen (2.75-16 R K35) ergänzt. Kaum wahrnehmbar hatten die Seitendeckel außen herum eine zusätzliche Prägung erhalten. Zusammen mit Tank und Schutzblechen wurden sie in einem fragwürdigen »Atlasweiß« lackiert. Die geplante, sehr schöne weinrote Metallic-Lackierung war leider nicht realisierbar. Vielleicht hätte sie für bessere Absatzzahlen gesorgt, denn das S 51 C geriet nicht zum Verkaufsschlager. Dabei produzierte die mittlerweile ca. 7500 Mitarbeiter starke Simson-Belegschaft fast 800 Mokicks täglich. Trotzdem waren immer noch Lieferzeiten bis zu zwei Jahren an der Tagesordnung. Der »Essfuffzich« wie auch die S 51-Typen im Volksmund immer noch genannt wurden, blieb zu DDR-Zeiten ein Renner und – wie kurioser Weise auch die Schwalbe – bis zum Schluss das »Moped«.

Zum Januar 1989 straffte Simson das Mokick-Programm, das zeitweise 34 Modellvarianten aufwies, mit der Einführung einer 12-V-Elektrik. So wurde die Produktion der kaum noch absetzbaren Dreigang-Modelle im Dezember 1988 eingestellt. Die billige Enduro fiel ebenfalls aus dem Programm.

Die Typenbezeichnungen änderten sich, wie in nachfolgender Tabelle dargestellt.

Alte Bezeichnung	neue Bezeichnung
S 51 B 1-4	S 51/1 B
S 51 B 2-4/1	S 51/1 C 1
S 51 C	S 51/1 C
S 51 E	S 51/1 E 1
S 51 E II	S 51/1 E

DIE SIEBZIGER

Mit der Überleitung des neuen Motors in die Mokick-Produktion war eine Hubraumvergrößerung fest in den Plänen des Zweiradkombinates verankert. Allerdings blies den Simson-Leuten hier ein rauer Wind von MZ in Zschopau entgegen. So wurde das S 70 C zum kleinsten gemeinsamen Nenner und der einzigen Chance, die man den Thüringern, die weit ehrgeizigere Pläne hatten, gewährte, um nach über 20 Jahren wieder Motorräder bauen zu können.
In der DDR fiel alles unter die Kategorie »Motorrad«, was mehr als 50 ccm Hubraum

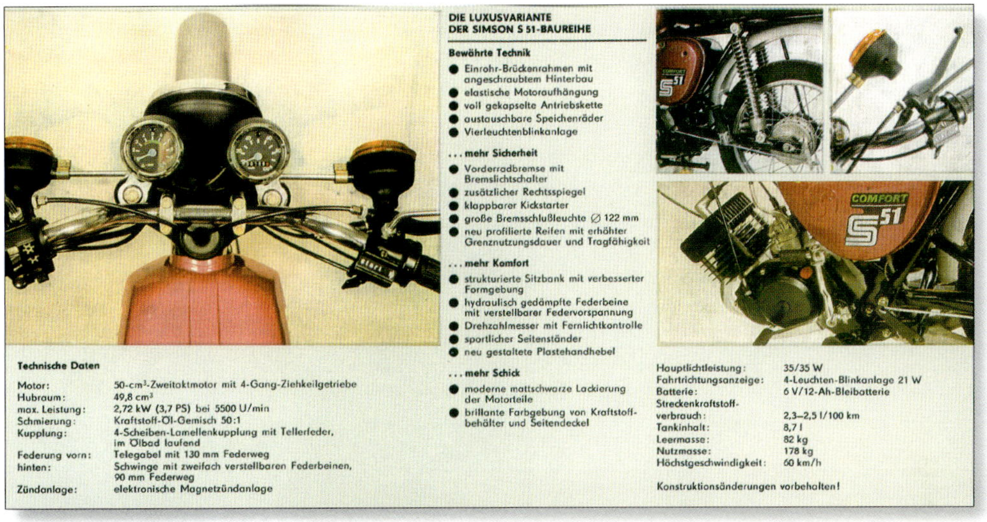

Einige Komfort-Elemente wie Sitzbank und Federung hatte das neue Spitzenmodell vom S 51E übernommen. Dazu gesellten sich Drehzahlmesser, Seitenständer, geschwärzter Motorblock und neue Farbgebungen.

Ein Ausschnitt aus dem 84er Simson-Programm. Das S51B2-4 erhielt eine verrippte Sitzbank, eine Faltenbalgabdeckung des Telegabel-Hubbereiches und die Bezeichnung S51B2-4/1. Alle Modelle hatten nun den dicken Simson-Schriftzug am Tank.

Das S 51 Comfort aus dem 84er Prospekt in seiner einzig lieferbaren Lackierung.

hatte. Die im Westen eingeführte Klasse »Leichtkraftrad«, die man ab 16 mit dem vereinfachten Motorradführerschein 1b fahren durfte, gab es in der DDR nicht. Das hielt in Suhl die Produktion der Fünfziger auf hohem Niveau und MZ in Zschopau die Konkurrenz vom Leibe, denn die Siebziger verkauften sich in der DDR schlecht. Im Westen hatte es eine gegensätzliche Entwicklung gegeben; die Achtziger drängten die 50-ccm-Kleinkrafträder vom Markt.

Im Sommer 1983 startete die Fertigung des S 70 C (Exportbezeichnung »Simson Super S 80«), das sich äußerlich nur durch die vom Enduro-Mokick her bekannten Rahmenunterzüge, dem größeren Signalhorn unter dem Tank und der durchgehend roten Lackierung vom S 51 Comfort unterschied. Der Motor, auf 69,9 ccm aufgebohrt, leistete 5,6 PS bei 6.000/min und beschleunigte offiziell bis auf 75 km/h. In der Praxis ging es meistens um einiges schneller. Der Preis des S 70 C lag mit 2490 Mark nur einen Hunderter über der 50-ccm-Variante, kam der MZ 125 aber schon recht nahe. Für beide musste der Motorradführerschein gemacht und 12 Mark Kfz-Steuer bezahlt werden.

Im Westen bot Lange die Achtziger zum Kampfpreis von 1690 Mark an. Außerdem lobten die Motor-Journalisten den geringen Verbrauch, die Wendigkeit und den Federungskomfort. Die Kettenkapselung

1984 brachte Simson einen vierseitigen Gesamtprospekt für die S 51- und S 70-Modelle heraus. Wie die meisten DDR-Prospekte war auch dieser hauptsächlich für den Export bestimmt.

Die Produktionszahlen für die Siebziger hielten sich stets in engen Grenzen. Am Ende wurde nur noch die Enduro-Variante gebaut.

Neben der C-Version gab es das 70er auch als Enduro. Hochgezogener Kunststoff-Kotflügel und schwarzer Motorblock unterschieden es vom schwächeren Bruder.

und der Choke am Lenker wurden besonders herausgehoben. Die Fahrleistungen wurden dagegen eher als moderat, das Styling als »zweifelhaft« bezeichnet.

Ein paar Wochen später feierte auch die aufgebohrte Enduro Premiere. Grundlage hier wieder das fünfziger Modell, dem der Motor des S 70 C eingepflanzt und die Telegabel verstärkt wurde. Vor allem die verstärkten Tragfedern sorgten für weniger harte Schläge im Vorderradbereich, weshalb wieder Leichtmetallfelgen zum Einsatz kommen konnten. Im Gegensatz zum kleineren Bruder erhielt das S 70 E noch den Seitenständer der C-Modelle. Im Westen kostete das als »Simson Super 80 Enduro« angebotene Zweirad 1751 Mark.

Bei der Serieneinführung passierte den Simson-Leuten ein peinlicher Fauxpas. Das S 70 E war vorn mit hoch gesetztem, feststehendem Plast-Kotflügel angekündigt worden, der dann nicht geliefert werden konnte (die DDR Industrie hatte bei Kunststoff-Formteilen einen riesigen Nachholbedarf). Erst im Juli 1985, nach bereits 2500 gebauten Enduros, wurde das Teil, das den Simson Biedermann nun doch etwas mehr nach Gelände aussehen ließ, nachgereicht. Flugs änderte sich die Typenbezeichnung in S 70 E II.

Als am 2. Juni 1987 das einmillionste Simson-Zweirad der S 51/S 70-Reihe vom Montageband rollte, betrug der Anteil der Siebziger gerade mal 20.000 Fahrzeuge. Aus diesem Grund fertigten die Thüringer ab 1989 unter der Bezeichnung S 70/1 E nur noch das Enduro-Modell, jetzt mit 12-V-Elektrik.

7

SR 50/80

Mit Beginn der Konstruktionsarbeiten zur Nachfolge der Vogel-Mokicks begannen die Suhler Ingenieure auch an einem neuen Roller-Modell zu feilen. Im Januar 1968 legte die Entwicklungsabteilung die Akte »SR 52« an und zugleich die Planungsaufgaben bis zum vorgesehenen Serienstart im Januar 1973 fest. Es war vor allem durch einen Einrohrrahmen, eine gegossene Einarm-Leichtmetall-Hinterradschwinge mit einseitigem Federbein, eine gezogene, halblange Vorderschwinge und eine auf Stahlscheibenfelgen aufgezogene Bereifung von 3.0-10 gekennzeichnet. Mit dieser Konstellation gab es keinen weiteren Roller auf dem Weltmarkt. Vor allem sollte nach der hohen, mokick-ähnlichen Schwalbe nun ein echter Roller mit »femininem Charakter« folgen. Wie bei »richtigen« Rollern war nun auch bei der neuen Simson-Schöpfung die Anbringung des Triebwerks im Fahrzeugheck, vor dem Hinterrad, vorgesehen. Dafür sollte der M 53/1 entsprechend umgestaltet, Kickstarter und Fußschaltung aber beibehalten werden. Zu einer vorgesehenen Getriebeautomatik gesellte sich die automatische Fliehkraftkupplung der S-Schwalbe und ein Hinterradantrieb mittels Rollenkette. Zum Anwerfen des Motors dachte man in Suhl 1968 tatsächlich schon über einen Elektrostarter nach. Mit der Kombinatsbildung kam Anfang 1970 jedoch das Aus für diesen Schwalbe-Nachfolger.

Präsentationen neuer Kraftfahrzeugmodelle hatten in der DDR Seltenheitswert – umso stürmischer feierten Presse und Verantwortliche deshalb 1986 den Schwalbe-Nachfolger SR 50/80.

Dass es freilich irgendwann einen geben müsste, darüber bestand auch bei den DDR-Wirtschaftslenkern kein Zweifel. Aber die Sache eilte nicht, denn die Schwalbe-Kundschaft stand nach wie vor Schlange. Die Pläne des Zweiradkombinates sahen nun vor, die Einführung des neuen S 50 abzuwarten und auf dessen Grundlage ein »Roller-Mokick« zu entwickeln.
Tatsächlich dauerte es dann aber bis zum Oktober 1978, ehe die KR 51-Nachfolge, jetzt unter dem Kürzel KR 52, wieder auf die Tagesordnung kam. Nach einigen wenig gelungenen Experimenten mit 16-Zoll-Fahrgestellen schwenkten die Verantwortlichen um

Wie seit Jahren bei Simson üblich, war das Modell N auch der Einstieg in die neue Mokick-Roller Klasse. Wegen ihrer spartanischen Ausstattung blieb diese Variante aber nur eine Randnotiz und wurde vom Publikum nicht angenommen.

und gaben im Dezember 1980 unter anderem folgende Zielsetzungen heraus: Verbesserung der Gestaltung gegenüber KR 51 und KR 52, Erzielung eines leichten, grazilen Aussehens, max. Sitzhöhe 750 mm, max. Durchstiegshöhe 460 mm, Radgröße 12“, Federweg vorn 130mm, hinten 85 mm (einstellbar für Solo- oder Soziusbetrieb), Prägerahmen zur Sicherung optimaler ökonomischer Parameter (wenig Tiefziehblech) und der Roller soll von 1985 an den Weltstand mit bestimmen.

»SR« stand natürlich nicht mehr für Simson-Rheinmetall, sondern für Simson-Roller. Die Bezeichnung SR 80 war ein wenig geschummelt, besaß der Roller doch den nur auf 70 ccm aufgebohrten Motor des Leichtkraftrades.

Jahre vergingen erneut, ehe 1984 die ersten, seriennahen Fertigungsmuster auf Thüringens Straßen auftauchten. Und noch einmal vergingen zwei Jahre bis zur Serienproduktion!

Der neue, wie immer erstmals auf der Leipziger Herbstmesse (1985) vorgestellte Schwalbe-Nachfolger hatte, geprägt durch die geforderte, mokickartige Konzeption, ein völlig eigenständiges Erscheinungsbild. Über das Aussehen des »Neuen« mögen einige Schwalbe-Fans sogar enttäuscht gewesen sein; insgesamt sah die kraftfahrzeuginteressierte DDR-Bevölkerung dem kommenden Modellwechsel in Suhl eher gelassen entgegen. Trotz ihrer schließlich

Die weltweit einmalige Teleskopgabel vorn, fünffach verstellbare Federbeine hinten, die üppige Sitzbank und die kleinen 12-Zoll-Räder machten die markante Optik des neuen Kleinrollers aus. Einzig der Motor wurde von der Schwalbe übernommen.

22 Jahre Produktionszeit hatte die Schwalbe immer noch genügend Freunde.
Dennoch war die Präsentation des schlicht SR 50 genannten Rollers eine Sensation im gesamten Ostblock. Vor allem die Motorpresse der DDR, von Neuerscheinungen nicht gerade verwöhnt, nahm den Neuling dankbar auf, spendierte ihm ungewöhnlich viele Titelseiten und stellte die Technik ausführlich vor. Das las sich grob zusammengefasst etwa so: Die Motoren, vom S 51/S 70 her bekannt, blieben nahezu unverändert. Lediglich Kickstarter und Fußschalthebel mussten entsprechend dem in der Fahrzeugmitte aufgehängten Motor geändert, die Getriebeübersetzung den kleineren Rädern angepasst werden. Ein neuer Vergaser sollte Sprit sparen helfen. Stammten viele Fahrwerksteile der Schwalbe noch aus dem Vogelnest-Baukasten, hatten die Ingenieure jetzt kräftig in die Montagekisten der S 51-Baureihe gegriffen. Teleskopgabel, Federbeine, Bremsen, Lenkerarmaturen, Sitzbank, Hinterradantrieb und Elektronikbauteile kannte man schon vom Mokick her. Völlig neu dagegen waren der Blechprägerahmen, der das Gesamterscheinungsbild des Rollers deutlich mitbestimmte und die 12“-Räder. Letztere bestanden aus geschweißten Stahlscheibenfelgen, an denen die Alu-Druckgussnaben angeschraubt waren. Die Sitzbank ließ sich nach vorne klappen und gab unter anderem Tankverschluss, Werkzeug und Batterie frei. Für Armaturenhalterung, Motor- und Rahmenabdeckungen und das hintere Schutzblech, das mit dem Hinterrad mitschwang, kamen endlich Kunststoffformteile zum Einsatz.
Die elektrische Anlage wies bei den einzelnen Modell-Varianten deutliche Unterschiede auf. Gleich mit fünf Modellen wollte Simson in die neue Roller-Ära starten, vermutlich auch ein Grund dafür, warum erst ab April 1986 mit der Auslieferung begonnen werden konnte. Auf die Top-Varianten mussten Interessierte sogar bis zum Herbst warten.

SR 50 N

Analog zur Mokick-Baureihe bildete das »N«-Modell den Einstieg in die neue Roller-Klasse. Bei der blau-weiß lackierten Basis-Variante streckte der Fahrer seinen Arm zur Richtungsanzeige aus und betätigte im Falle eines Falles die von vier Monozellen gespeiste »Hupe«. Mit dem Motor M 531 konnte bis in den dritten Gang geschaltet werden; ein Zündschloss zum Abstellen des Triebwerks gab es nicht. Ein Schwunglichtprimärzünder und 25/25 W Lichtleistung waren weitere Parameter der elektrischen Anlage.
Der Preis für das Fahrzeug betrug 1880 Mark und lag damit um einiges höher als das Schwalbe-Grundmodell. Der Einsteiger stieß aber hauptsächlich mangels zeitgemäßer Ausstattung auf wenig Gegenliebe, weshalb schon 1987 seine Produktion stillschweigend wieder eingestellt wurde.

SR 50 B3

Immer noch drei Gänge, ein kleiner Rückspiegel und einfache Armaturen im Lenkergehäuse – aber jetzt mit Vierleuchten-Blinkanlage und 6-V-Batterie ergaben die Kurzcharakteristik dieses Modells für 2190 (immer noch Ost-) Mark.

SR 50 B4

Ab dieser Variante und dem Preis von 2365 Mark konnte nicht nur ein vierter Gang eingelegt und in zwei Rückspiegel geschaut werden. Den Lenkerkopf zierte nun ein rechteckiges Kombiinstrument mit Tachometer, Kontrollleuchten und Zündlichtschalter. Dank eines Seitengepäckständers am rechten Fahrzeugheck konnten auch größere Gepäckstücke transportiert werden. Die hinteren Federbeine lagen frei und wurden nicht mehr in hässlichen schwarzen Hülsen geführt.

SR 50 CE

Das Top-Modell hatte noch einiges mehr zu bieten. Äußerlich stachen die komfortable, gesteppte Sitzbank und die beiden im Durchmesser 120 mm großen Spiegel ins Auge. Weniger gut sicht-, aber deutlich spürbar die fünffach verstellbaren hinteren Federbeine, wie bereits an den besseren S 51-Modellen verwendet.

1990 versuchte der inzwischen in Simson Fahrzeug GmbH umgetaufte Großbetrieb mit 12-Volt-Elektrik und Katalysator dem katastrophalen Umsatzschwund entgegenzuwirken.

Der erste »gesamtdeutsche« Simsonprospekt, gedruckt 1990: Der neue Roller konnte sich auch auf dem westlichen Markt sehen lassen. Als »Bunny«, mit gedrosseltem Motor (um den Zulassungsbestimmungen zu entsprechen), versuchte Simson nach Jahren der Enthaltsamkeit wieder im Westen Fuß zu fassen.

Das letzte Aufgebot zu DDR-Zeiten: Die Modellvarianten orientierten sich in etwa an den Mokick-Typen. Die »CE«-Ausgabe mit Elektrostarter blieb dem Roller vorbehalten.

Das 12-V-Bordnetz sorgte nicht nur für gute Lichtverhältnisse (35/35 W), sondern auch dafür, dass der kleine Fünfziger wahlweise mit dem Kickstarter oder mit einem – erstmals bei Simson eingesetzten – elektrischen Starter per Knopfdruck angelassen werden konnte. Gezündet wurde beim CE selbstverständlich elektronisch. Soviel Luxus hatte natürlich seinen Preis; mit 2885 Mark avancierte der SR 50 CE zum teuersten Simson-Fünfziger aller Zeiten. Kritikern dieses Punktes wurden die guten Exportchancen des Top-Fünfzigers entgegengehalten. Tatsächlich bekam der in der Bundesrepublik als »Bunny« angebotene Mokick-Roller beste Kritiken von der Fachpresse und das nicht nur wegen seines geringen Preises von DM 2350 (West). Für die seit dem 1. April 1986 im Westen für Mokicks (jetzt »Kleinkrafträder«) geltende Höchstgeschwindigkeit von 50 km/h fuhr der »Bunny« mit gedrosseltem 3,4-PS-Motor.

SR 50 C

Für ein paar Hunderter weniger reichte Simson 1987 den SR 50 C nach. Er bot allen Luxus des Top-Modells und verzichtete lediglich auf den sowieso entbehrlichen und störanfälligen Elektrostarter.

SR 80 CE

Nachdem der auf 70 ccm aufgebohrte Motor schon drei Jahre zuvor das Simson-Mokick zum Kleinkraftrad gemacht hatte, war es selbstverständlich, dass der stärkere Motor M 741 auch für die neue Roller-Generation eingesetzt werden würde. Mit dem großen Roller versprach man sich bessere Verkaufszahlen als beim schwächelnden S 70-Absatz. Doch das Gegenteil trat ein! Nicht mal 2000 Exemplare des 2995 Mark teuren SR 80 CE konnten bis 1989 abgesetzt werden! Bis auf den stärkeren Motor, der den Roller 70 km/h schnell machte, gab es gegenüber dem Fünfziger CE keine Veränderungen. Aber im Gegensatz zu diesem brauchte man eben einen Motorradführerschein, um den Achtziger fahren zu dürfen. Außerdem fuhr die Klientel, für die ein größerer Roller Jahre zuvor vielleicht interessant gewesen wäre, jetzt lieber Auto.

Wie das Mokick-Programm wurde auch das Roller-Angebot mit Beginn des Modelljahres 1989 gestrafft. Alle Modelle erhielten jetzt eine moderne, schwarz emaillierte Kompaktabgasanlage und die 6-V-Elektrik gehörte, ebenso wie das Dreigang-Getriebe, endgültig der Vergangenheit an. Basismodell war jetzt der SR 50 /1B mit 35/35 W Lichtausbeute. So hell war es auch beim SR 50 /1C, allerdings von einer Halogenlampe ausgehend. Die besaßen auch die Roller SR 50 /1CE und SR 80 /1CE. Allen drei C-Modellen war noch ein Wechselspannungsregler gemeinsam.

Nur im Westen erhielt der SR 50 /1CE, hier immer noch als »Bunny« angeboten, wahlweise einen Katalysator für 200 Mark Aufpreis. Das erfreute zwar wieder die Motor-Journalisten, lockte aber kaum mehr Käufer hinter dem Ofen hervor.

„KLICK" und mit den wasserdichten abschließbaren und tragbaren Koffern (Sonderzubehör) wird aus dem „Bunny" ein zweckmäßiger und schicker „Einkaufs oder Urlaubs-Bunny"

Steckbrief Simson „Bunny"

Motor:	Zweitakt	Batterie:	12 V
Zylinder:	Alu	Zündung:	kontaktlos
Hubraum:	49,8 ccm, Bohrung 38 mm, Hub 44 mm	Scheinwerfer:	12 V/35/35 W LA-ø 136 mm
KW:	2,2 (3 PS) 5000 U/min.	Bremsen:	Trommelbremsen hinten und vorn 125 mm ø
km/h:	50	Reifen:	3.00 - 12 hinten u. vorn
Rahmen:	Zentralpreßrahmen	Felgen:	Stahlscheibenfelgen
Verbrauch:	2,4 Liter/100 km (Norm. bleifrei 1 : 50)	Federung vorn:	Telegabel, hydr. (Tauchrohre Alu) Federweg 130 mm
Tankinhalt:	6,5 l, Reserve 0,8 l	Federung hinten:	Federbeine hydr. 5 fach verstb. (von Hand) Federweg 85 mm
Getriebe:	Viergang, Fußschaltung	Kraftübertragung:	über vollverkapselte Kette
Starter:	E. Starter u. Kickstarter (serienmäßig)	Leergewicht:	86 kg
Lichtm. Leistung:	42 / 21 W	Zul. Ges. Gewicht:	280 kg

Serienmäßige Ausstattung: E. Starter u. Kickstarter · 5-fach verstellb. hydr. Federbeine hinten (leicht von Hand einzustellen) · Vierpunkt-Blinkanlage · Kontrolleuchten für Fernlicht · Blinker · Leerlauf · Elektrisches Horn 12 V · Stop-Licht · Vollverkapselte Kette · Seitlicher Gepäckträger ausklappbar · 2 Rückspiegel · Stauraum, gesichert durch abschließbare Sitzbank · Reichhaltiges Bordwerkzeug, Luftpumpe, Birnen-Set · 2 Satz Schlüssel im Lederetui · Gepäckhaken mit Federverschluß · Lichthupe · Starkes 12 V 35/35 W Auf- und Abblendlicht · Doppelt gepolsterte bequeme 2 Personen-Sitzbank (Länge: 64 cm).
Lieferbar in den Farben blau und weiß.

Sonderzubehör: Packtaschen

Wir empfehlen:

6149 Hammelbach W. Germ.
Schulstraße 6
Telefon 06253/4036 – 37
Telex 468474 Fax 06253/1671

Ihr Fachhändler:

Konstruktionsänderungen vorbehalten.

Der SIMSON „Bunny"

ist mehr, als nur ein Roller ...

Super ausgestattet mit allem pi pa po und einem sicheren Fahrkomfort, der nicht unbedingt rollertypisch ist. Schon beim ersten Schlagloch oder beim Überfahren einer Bordsteinkante stellt man fest, daß der SIMSON „Bunny" mehr als ein Roller ist.

Zu fahren ab 16, (Führerschein Kl. 1b u. 4) oder mit jedem Motorrad- und Autoführerschein.

Der „Bunny" muß nicht zugelassen werden, kostet keine Steuern und muß nicht zum TÜV.

Nur das Versicherungsschild dran und es kann losgehen, zum Einkaufen, zum Schwimmen, in die Schule, zum Camping usw, mit einem, in seiner Art und Ausführung wohl einmaligen Mokick-Roller des Enduro Weltmeisters „SIMSON".

Ende der achtziger Jahre versuchte die bekannte Firma Zweirad Röth aus Hammelbach, die auch Simson-Importeur war, den neuen Mokick-Roller als »Bunny« unters westliche Volk zu bringen. Die Verkaufszahlen blieben allerdings bescheiden.

8

DIE LETZTEN DDR-MOKICKS

Im Sommer 1985 legten die führenden Männer des Zweiradkombinates auf der Tagung »Fortschritte im Motorradbau« in Zwickau den Fortgang des Motorradbaus in der DDR fest – und den Entwicklungsabteilungen in Suhl und Zschopau Hemmschuhe vor die Räder. Beibehaltung der Einzylinder-Zweitakt-Technik und der Grundkonzeptionen der Fahrwerke hieß die Devise, die mit daran schuld war, dass die Motorräder fünf Jahre später auf dem Weltmarkt kaum bestehen konnten. Lediglich kosmetische Retuschen »zur Verbesserung des ästhetischen Gesamteindrucks« wurden ausdrücklich gefordert. Für weiterreichende Investitionen war schlicht kein Geld vorhanden.

Für Simson bedeutete das konkret den Abschied vom S 52, einem in der Entwicklung befindlichen Mokick mit grundlegend überarbeitetem Fahrwerk (z. B. hinteres Zentralfederbein), das zum Ende des Jahrzehnts die S 51-Reihe ablösen sollte.

Stattdessen stellte Simson auf der Leipziger Herbstmesse 1989 (ausschließlich dem Fachpublikum) eine Mokick-Studie mit der Bezeichnung S 53 vor, deren Serienumsetzung zu dieser Zeit noch in den Sternen stand. Diese fielen nach dem 9. November 1989 aber auch in Suhl bald vom Himmel, so dass mit Hochdruck an der Produktionsumstellung gearbeitet wurde. Dabei galt es lediglich, Designänderungen der Anbauteile an das altbewährte Fahr- und Triebwerk anzupassen. Eine angedeutete Kanzel um den Scheinwerfer herum, ein neuer Tank, neue Seitenteile und schließlich ein neuer hinterer Kotflügel aus Kunststoff ließen das neue Mokick tatsächlich nicht schlecht aussehen. Die Sitzbank übernahmen die Konstrukteure vom SR 50/80. Als das Fahrzeug dann im September 1990 endlich auf den inzwischen nicht wieder zuerkennenden Markt kam, galten die alten Werte nichts mehr. Die bis Ende 1991 vorgestellten acht Modellvarianten wurden zum Teil nicht einmal mehr mit Losgrößen in Serie gebaut.

Bei den Typenbezeichnungen hielt man am bewährten Muster fest. Gestartet wurde mit dem S 53 N als Basisversion, die jetzt über eine Blinkanlage verfügte, dem B-Modell mit mittlerer Ausstattung, dem S 53 C mit Drehzahlmesser und der Enduro-Variante S 53 E. Die Enduro blieb zunächst auch das einzig angebotene Achtziger-Modell (70-ccm-Motor). Ende 1991, es lief so gut wie nichts mehr, warf Simson noch das S 83 OR (Off Road)

Mit neu durchgestylten, teils aus Kunststoff gefertigten Anbauteilen und der Sitzbank des SR 50/80 mutierten die vorherigen S51-Top-Modelle zur S 53-Reihe. Neben dem einfachen N-Modell war das S 53 B das eigentliche Basisfahrzeug.

Aus dem ehemaligen VEB-Betrieb war inzwischen die Simson Fahrzeug GmbH mit rasant schrumpfender Belegschaftszahl geworden.

Ende 1990 versuchte Simson mit zwei »neuen« Mokick-Typen den drohenden Konkurs abzuwenden. Nachdem die Entwicklungs-Studie des S 52 mit Zentralfederbein aus Kostengründen nicht verwirklicht werden konnte, mussten noch einmal zwei alte Bekannte herhalten. Alle in diesem Buch gezeigten Fahrzeuge sind übrigens im Fahrzeugmuseum Suhl zu besichtigen.

mit längerer Telegabel, 19/17“ Rädern und Scheibenbremse vorn ins Rennen. Aber das half ebenso wenig wie die S 53 CX / S 83 CX-Typen, mit eben diesen Scheibenbremsen und Aluminiumgussrädern. Mit knapp 5000 verkauften Mokicks (Roller waren zuletzt schon nicht mehr im Programm) verkaufte Simson in einem Jahr so viele Zweiräder wie noch zu Vorwendezeiten in einem Monat. Die großen Zeiten des Thüringischen Fahrzeugbaus waren ein für allemal vorbei.

Die einzigen Fahrzeuge, die 1991 in Suhl noch produziert wurden, waren die S53-Mokicks. Ganze 5000 Fahrzeuge, die nur schwer absetzbar waren, baute Simson in diesem Jahr noch – zu wenig um weitere Finanzhilfen zu erhalten.

9

SIMSON IM MOTORSPORT

Mit dem Auslaufen der Simson-425-Produktion war 1961 auch das große Engagement der Suhler im Motorsport erst einmal vorbei.
Um die damals sehr werbewirksamen Aktivitäten aber nicht ganz sterben zu lassen, setzte die Simson-Werksleitung den Vorschlag durch, mit einer verkleinerten Sportabteilung in der Klasse bis 50 ccm im Geländesport weiter präsent zu sein. War Simson mit den sportlichen Ausführungen der 425 S (AWO) in nahezu allen motorradsportlichen Bereichen vertreten, ging man mit den kleinen Zweirädern nur noch im Geländesport (in den achtziger Jahren kam dann das Wort »Enduro-Sport« auf) an den Start.
Dazu brauchte man natürlich entsprechende Fahrzeuge und die Thüringer ließen einfach das gescheiterte SR 3-Serienprojekt als SR 3 Geländesportmaschine weiter durch die Akten laufen. Ab der Saison 1962 konnte Simson mit den nun GS 50 genannten Zweirädern wieder an Wettbewerben teilnehmen. Das völlig von der SR 4-Serie abweichende Fahrwerk hielt ein geschweißter Zentralrohrrahmen zusammen. Daran hingen vorn und hinten Schwingen mit hydraulisch gedämpften Federbeinen aus dem Motorradbau. Auf die 19"-Felgen waren importierte Stollenreifen aufgezogen, die Bremsen stammten aus der Serie. Recht seriennah blieb auch das Triebwerk, das durch ein am

So zogen sie 1962 aus, die Geländesport-Welt in der Schnapsglasklasse zu erobern: (von links) Ewald Schneidewind, Rudi Gilbert, Gottfried Pohlan, Helmut Amthor und Mannschaftsleiter Alfred Schütz.

Mit der völlig neu entwickelten GS 50 fuhren die Suhler Werksteams ab 1963 erste Erfolge ein.

Getriebegehäuse angeflanschtes Vorgelege die drei Gänge nochmals unterteilte und so praktisch sechs Gänge aufwies. Ein leicht geänderter Kurbeltrieb, ein wuchtiger Leichtmetallzylinder mit Graugusslaufbuchse und veränderten Spülkanälen und schließlich ein Vergaser mit 17 mm Ansaugweite und geänderter Ansauggeräuschdämpfung waren unter anderem die Voraussetzung für beachtliche 5,5 PS bei 8.000/min. Den Geräuschpegel des Motors hielt ein Kreidler-Schalldämpfer im erlaubten Bereich.

25 solcher Maschinen entstanden 1963 und fast doppelt so viele im Jahr darauf. Wenngleich Simson die GS 50 auf Ausstellungen zum Kauf anpries, blieb sie für den Normalbürger in der DDR unerreichbar, es sei denn, er wurde Spitzenfahrer bei einem der im ADMV (Allgemeiner Deutscher Motorsport-Verband) organisierten und geförderten Clubs. Die meisten Maschinen gingen ohnehin ins Ausland, nicht zuletzt, um das Starterfeld der untersten Wettbewerbsklasse zur Sollstärke aufzufüllen. Ab 1964 brachte Simson neben der 50er eine aufgebohrte 75er mit 9 PS bei 8.200/min an den Start. Der kleinere Motor leistete da bereits 6,3 PS.

1966 traten die GS 50/75-Modelle mit neuem Outfit in Erscheinung und lösten ab 1967 die Kleinserie der Vorgänger als GS 50-1 und GS 75-1 ab. Sofort ins Auge sprangen der neue, vom Sperber übernommene Tank und ab 1968 das große 21“-Vorderrad, das an einer neuen Telegabel mit hydraulischer Dämpfung und 130 mm Federweg hing. Große Motorradbremsen (150 mm Durchmesser) und ein verstärkter Rahmen sorgten für noch mehr Sicherheit und Zuverlässigkeit.

Der weiterhin seriennahe, jetzt durch Sperbergetriebe und Vorgelege 4 + 4 Gänge aufweisende Motor brachte es auf 6,5 PS bei 9.000/min, bzw. 9,5 PS bei 8.900/min in der 75er Variante. Der Motor erwies sich bald als die Achillesferse der GS-Modelle. Bei den mit elektronischer Zündanlage von Bosch bestückten Werksrennern, erreichte er 1970 zwar erstaunliche 10 PS/ 9.800/ min (13 PS/ 9.000/min), war aber von Hercules und Zündapp, der damaligen Hauptkonkurrenz in den kleinen Klassen, schon überholt worden.

1970 war das Triebwerk bei Simson erstmals von einem kräftigen, doppelten Rahmenunterzug geschützt worden. Dafür sparten die Ingenieure anderswo Gewicht ein und hielten die GS-Modelle einigermaßen konkurrenzfähig. Zu ersten Plätzen reichte es auf internationalen Strecken aber kaum noch. Die letztlich erreichten 11,5 PS bei über 11.000 Touren (14 PS mit der 75er) des immer noch auf dem Ende der fünfziger Jahre entwickelten Motors M 53/54 basierenden Triebwerks waren für die Konkurrenz zu wenig, für die eigene Standfestigkeit hingegen zuviel.

Mit dem Sieg im 1967 erstmals ausgetragenen Europacup (schon im Jahr darauf wurde daraus die Europameisterschaft) feierte Simson seinen bis dato größten sportlichen Erfolg.

Fälschlicherweise wird das Winterhalbjahr oft als die Ruhepause der Motorsportler bezeichnet. Dem ist jedoch nicht so, denn einmal ist in den knappen Monaten zwischen Saisonschluß und Saisonbeginn sehr viel technische Arbeit zu leisten, um die Wettbewerbsmaschinen wieder „fit" zu bekommen; zum anderen muß der Motorradgeländefahrer auch im Winterhalbjahr ein ausgiebiges Konditionstraining betreiben, damit er beim ersten Start bereits in Hochform ist. Der nächste Frühling kommt bestimmt, und zwar meist früher, als der Motorradgeländefahrer denkt. Die Aktiven müssen die Zeit der sogenannten Ruhepause nutzen. Die Maschinen werden also auf Straßen und im Gelände bewegt, ganz gleich, ob das Thermometer nun fünf Grad plus oder zehn Grad minus anzeigt, ganz gleich, ob die Trainingsstrecke über verharschte Hänge oder über schlammige Feldwege führt. Jeder absolvierte harte Trainingskilometer ist ein Baustein für den künftigen Erfolg. Und jeder Erfolg ist ein Markstein technischen Fortschritts für das Serienfahrzeug.

Simson-Siege der heimatlichen Praxis

1967 — bei allen fünf DDR-Wertungsläufen, die wie immer mit Schwierigkeiten und Hinternissen reichlich gespickt waren, ging die Simson-Werkmannschaft mit Lothar Schünemann, Dieter Salevsky, Erwin Schneidewind und Roland Stubenrauch auf den 50- und 75-ccm-GS-Modellen an den Start, nachdem sich diese Staffel bereits beim Aufgalopp in Gera zwei Klassensiege und vier Goldmedaillen geholt hatte. In Dahlen gab es einen Klassensieg und zwei Goldmedaillen, während in Suhl neben zwei Klassensiegen und vier Goldmedaillen auch der Gesamtsieg durch Schünemann errungen wurde. Einen Klassensieg, drei Goldmedaillen, eine Silbermedaille und den Gewinn des Wanderpokals in der Mannschaftswertung, zum zweiten Mal, brachte das Simson-Team in Zschopau auf ihr Konto. Drei Goldene, eine Silberne und ein Klassensieg wurden in Hettstedt errungen, während der Schlußlauf in Riesa noch einmal zwei Klassensiege und drei Goldmedaillen brachte. Die Sportfans an den Pisten beeindruckte, daß sich viele Privat- und Clubfahrer auf Simson-Maschinen Goldmedaillen erkämpften.

Auch die Deutschen Meister W. Schäfer (50 ccm) und R. Uhlig (75 ccm) errangen ihre Titel auf Simson-Maschinen. Die Popularität von Simson hat damit sowohl im Breitensport als auch im Spitzensport weiter zugenommen.

Simson Klassensieger im GS-Europa-Cup

Der 1967 erstmals ausgeschriebene Europa-Cup der FIM für die Motorradgeländefahrer wurde in den internationalen Veranstaltungen der Österreichischen Alpenfahrt, der CSSR-Böhmerwaldfahrt und der ADAC-Dreitagefahrt entschieden. Im Gegensatz zur internationalen

Sechstagefahrt, bei der die Mannschaftsleistung im Vordergrund der Bewertung steht, ist der Europa-Cup ein Gelände-Festival der Einzelfahrer. Gemeinsam fahren und getrennt schlagen, lautet hier die Devise. Die Schwierigkeiten der genannten traditionellen Wettbewerbe mit Hochgebirgscharakter wurden noch durch zahlreiche Sonderprüfungen erhöht. Jeweils rund 600 km waren bei jeder Fahrt zurückzulegen. Ihre glänzende Form demonstrierten die Simson-Fahrer bei allen Läufen dieser europäischen Experten-Auslese. In Velden, Strakonice und Garmisch-Partenkirchen gab es jeweils Medaillen, Gutpunkte und viel Applaus für die flinken Jungens aus Suhl. Ihr prachtvoller Einsatz trug Früchte, denn im Endklassement konnte das Simson-Einzelkämpfer-Team hervorragend abschneiden. In der Klasse bis 75 ccm erkämpfte der Meister des Sports Lothar Schünemann den Europa-Cup vor seinem Mannschaftsgefährten Roland Stubenrauch, der die Silbermedaille dieser Klasse in Empfang nehmen konnte. Auch der Meister des Sports Ewald Schneidewind eroberte sich den zweiten Platz und die Silbermedaille der 50-ccm-Klasse auf Simson. Diese Bilanz unterstreicht die seit ihren Six-Days-Siegen um die Silbervase und den Gesamtsieg von 1964 und 1965 ständig steigende Zuverlässigkeit der Simson-Maschinen.

Simson-Goldmedaillen beim Six-Days-Kampf

Zu einem glanzvollen „Goldsucher-Auftritt" wurde auch der Einsatz der Simson-Equipe bei der 42. Internationalen Motorrad-Sechstagefahrt in Zakopane 1967. Über die Gesamtdistanz von 1600 km lief die wilde Jagd auf den Pisten der Hohen Tatra. Sechs Sonderprüfungen und das Abschlußrennen mußten außerdem

Der Europacup-Sieg von Lothar Schünemann in der Klasse bis 75 ccm wurde von den Simson-Marketingstrategen weidlich ausgeschlachtet. Vier Jahre mussten die Thüringer dann allerdings auch auf den nächsten Sieg warten.

HÄRTETEST SPORT

Die langjährige aktive Beteiligung von MZ und Simson am internationalen Motorsportgeschehen gilt nicht nur repräsentativen Zwecken. Die Tätigkeit der beiden Sportabteilungen in Zschopau und Suhl hat einen weitaus tieferen Grund.
Im harten Einsatz sportlicher Wettbewerbe soll vor allem die Technik künftiger Serienmodelle einem Härtetest unterzogen werden. Dabei geht es insbesondere um die Erprobung bestimmter Details, denn zwangsläufig unterscheiden sich die für den normalen Straßenverkehr konzipierten Serienmaschinen von den Spezialmaschinen, die für den Motorradgeländesport oder gar für den Straßenrennsport vorgesehen sind.

Aber welche zielgerichtete Entwicklungsarbeit unter Nutzung der im Motorsport gesammelten Erkenntnisse im IFA-Kombinat Zweiräder geleistet wird, läßt sich leicht bei Vergleichen zwischen den Großserientypen und den Sportmaschinen beweisen. Allein schon am Beispiel der MZ TS 250 kann erkannt werden, daß zahlreiche Details dieses Spitzenmodells der MZ-Großserienfertigung – zum Beispiel die Rahmenkonstruktion, die Grundkonzeption des Motors usw. – ihren Ursprung bei den MZ-Geländesportmaschinen haben. Dabei ist es natürlich verständlich, wenn für das Großserienmodell im Hinblick auf den Einsatzzweck entsprechende Veränderungen gegenüber der Wettbewerbsmaschine der Sportabteilung vorgenommen werden.
Dieses Prinzip der Wechselbeziehungen zwischen Geländesporteinsatz und Serienentwicklung ist in Zschopau und Suhl allgemein gültig. Hinzu kommen die insbesondere von MZ im Straßenrennsport gewonnenen Erfahrungswerte. Während im Geländesport immerhin weitgehend seriennahe Bauteile erprobt werden, geht es auf dem Prüffeld des Rennsports um andere Probleme. Hier werden technische Grenzwerte ermittelt, Werkstoffe getestet, maximal mögliche Leistungen angestrebt. Die Auswertung sämtlicher auf dem Gebiet des Motorsports gewonnenen Erkenntnisse dient auf jeden Fall der Weiterentwicklung der Serienmodelle.
Wenn heute bei Rennen mit Serienmaschinen Geschwindigkeiten gefahren werden, die vor einiger Zeit allein Rennmaschinen vorbehalten waren, dann ist das nur ein Beweis für diese Entwicklungsarbeit. Aber um Höchstgeschwindigkeiten geht es heute, zumindest nach unserer Auffassung, bei Serienmaschinen nicht. Wichtig sind jedoch gutes Beschleunigungsvermögen, überlegenes Fahrverhalten und hohe Sicherheit, und diese den MZ- und Simson-Serienmodellen der Gegenwart allgemein zuerkannten Eigenschaften sind eben nicht zuletzt das Ergebnis sinnvoller Analyse der im Motorsport gesammelten Erfahrungen zugunsten der Maschinen für jedermann.
MZ und Simson betrachten ihr motorsportliches Engagement insbesondere unter den hier genannten Gesichtspunkten, also vor allem als technischen Härtetest, wobei dem Geländesport vorrangige Bedeutung

Eine Broschüre mit dem Gesamtprogramm des »IFA-Kombinat VEB Fahrzeug- und Jagdwaffenwerk Suhl« aus dem Jahre 1974 widmet sich auch ausführlich der sportlichen Aktivitäten von Simson und MZ.

beigemessen wird. Wie bisher wird der Einsatz mit relativ begrenztem Aufwand betrieben. Die Sportabteilungen in Zschopau und Suhl sind nicht groß. Zu welchen großen Leistungen sie fähig sind, haben die Erfolge der Vergangenheit gezeigt. Unter anderem wurde MZ sechsfacher Gewinner der Welttrophäe bei den Internationalen Sechstagefahrten, je einmal errangen MZ und Simson die Internationale Silbervase bei den Six Days. Mehrere Europameistertitel, viele Klassensiege und Goldmedaillen sind auf der sportlichen Erfolgsbilanz der MZ- und Simson-Fahrer aus der DDR verzeichnet. Die hervorragenden Erfolge namhafter MZ-Fahrer auf den internationalen Rennpisten sind jedem Motorsportfreund bekannt.
Diese Erfolge bei internationalen Wettbewerben haben dazu beigetragen, daß das Ansehen der volkseigenen Fahrzeugindustrie der DDR sowie der Markenzeichen MZ und Simson in der Fachwelt gefestigt wurde. Den praktischen Gewinn aus dieser so erfolgreichen Motorsportbeteiligung hat jedoch jeder, der sich dazu entschließt, eine MZ- oder Simson-Maschine zu fahren.

Nach Redaktionsschluß:

Stolze Motorsport-Erfolgsbilanz 1974

9 Motorradgeländefahrer aus der DDR starteten bei allen 5 Läufen zur Europameisterschaft 1974, die von April bis Ende Juni in Spanien, ČSSR, Italien, BRD und VR Polen ausgetragen wurden. Insgesamt waren 270 Fahrer aus 13 europäischen Ländern an dieser Meisterschaft beteiligt.
Für die kleine DDR-Equipe gab es in der Endabrechnung eine stolze Bilanz: Alle 5 gestarteten MZ-Fahrer erreichten nach 5 Läufen in der Europameisterschaftswertung ihrer Klasse einen Platz unter den 5 besten Fahrern, und die 4 Simson-Fahrer waren in ihren Klassen unter den 4 Bestplazierten zu finden. 1 Europameistertitel, 2 Vizeeuropameister, 2 dritte Plätze, 3 vierte Plätze und 1 fünfter Platz wurden von den DDR-Fahrern auf Maschinen des IFA-Zweiradkombinates bei dieser Europameisterschaft erzielt. Hier die Ergebnisse im einzelnen:

Europameisterschaft im Motorradgeländesport 1974

Europameister	Klasse bis 75 cm³: Ewald Schneidewind, DDR/Simson
Vizeeuropameister	Klasse bis 75 cm³: Gerhard Haatz, DDR/Simson
Vizeeuropameister	Klasse bis 250 cm³: Frank Schubert, DDR/MZ
3. Platz EM 74	Klasse bis 100 cm³: Dieter Salevsky, DDR/Simson
3. Platz EM 74	Klasse bis 350 cm³: Manfred Jäger, DDR/MZ
4. Platz EM 74	Klasse bis 75 cm³: Lothar Schünemann, DDR/Simson
4. Platz EM 74	Klasse bis 250 cm³: Kurt Seidel, DDR/MZ
4. Platz EM 74	Klasse über 350 cm³: Fred Willamowski, DDR/MZ
5. Platz EM 74	Klasse bis 250 cm³: Klaus Halser, DDR/MZ

IFA mobile·DDR
IFA Kombinat Zweiräder

Ewald Schneidewind zählte zweifellos zu den besten Geländesport-Fahrern aller Zeiten. Herausragend seine beiden Europameistertitel von 1974 und 1975.

Schon seit 1969 war eine kleine Gruppe von Spezialisten bei Simson dabei, einen reinen Sportmotor, fernab von der Serientechnik zu entwickeln. Er sollte mit variablem Hubraum in den Klassen 75, 100 und 125 ccm einsetzbar sein; bei den Fünfzigern, die international bereits als Auslaufmodell galten, wollte man mit der bisherigen Motor-Technik weiterfahren. Zunächst galt es, den Motor mit 75 und 100 ccm rennfest zu machen. Motor und Getriebe blieben getrennt. Der mittels Drehschieber gesteuerte Zweitakter konnte zuerst in der mittleren 100-ccm-Version in die GS-Maschinen eingebaut und ab 1971 zu Rennveranstaltungen an den Start geschickt werden. Dank geringer Konkurrenz in dieser Hubraumklasse fuhr Simson mit dem neuen Motor, trotz diverser Getriebeschäden, den ersten EM-Titel seiner Geschichte ein. Um das Getriebe robuster zu machen, stufte man es von den ursprünglich neun Gängen auf sechs herunter. Das Fahrzeug selbst war dem neuen, maximal 17 PS leistenden Motor angepasst worden. Ein geändertes Fahrwerk mit größerem Radstand, längeren Federwegen (180 mm Telegabel), MZ-Hinterradantrieb, höher gezogenem Lenker und veränderter Sitzposition trug den immer rasanter verlaufenden Veranstaltungen Rechnung. Dazu sorgten Plastkotflügel für Gewichtsreduzierung und der inzwischen bewährte Doppelschleifenrahmen für die nötige Stabilität. Daran mangelte es den neuen Triebwerken noch, die ab 1972 auch in der Klasse bis 75 ccm – hier schlitzgesteuert – eingesetzt, reihenweise mit Kurbelwellen- oder Getriebeschäden ausfielen. In den Folgejahren gelang es, die Triebwerke widerstandsfähiger zu machen und wieder an die Weltspitze zu führen, wo Zündapp und Simson Mitte der siebziger Jahre in den kleinen Klassen den Ton angaben. Dazu wurde auch weiter am Fahrwerk gebastelt: Überarbeitete Telegabel mit doppelt wirkender hydraulischer Dämpfung und 185 mm Federweg, in Nadellagern geführte Hinterradschwinge mit hydraulisch gedämpften Federbeinen und 110 mm Federweg, 160 mm Bremstrommeldurchmesser hinten und jede Menge Aluminium, Magnesium und Plastik zur weiteren Gewichtsreduzierung am gesamten Fahrzeug.

Die Zahl der Hersteller, die überhaupt noch Fahrzeuge in den untersten Klassen (50 und 75 ccm) an den Start brachten, verringerte sich zusehends. Wieder exportierte Simson einige Werks-GS-Maschinen zu Freundschaftspreisen nach Polen, um bei einigen Konkurrenzen überhaupt noch Rennen fahren zu können.

Inzwischen hatten sich die Werks-Geländesport-Maschinen, mit denen die Fahrer aus der Simson-Sportabteilung an großen Veranstaltungen, wie auch an DDR-Meisterschaften, teilnahmen, deutlich von den nach wie vor in Kleinserie gebauten GS 50-1 und GS 75-1 abgekoppelt. Die hoch gezüchteten, mit teuren Importteilen bestückten Spitzenmaschinen konnten nur noch in Einzelstücken gefertigt und von niemandem mehr bezahlt werden. Anders die neuen, ab 1975 an die Sportclubs abgegebenen GS-Modelle, die ihre alte Bezeichnung wie auch die immer noch auf das alte Simson-Triebwerk M53/54 zurückgehende Motortechnik behielten. Mit neuem Zylinder und elektronisch gezündet leistete er in der Schnapsglasklasse jetzt 8 PS bei 9.500/min und in der 75er Version 12 PS bei 9.400/min. Äußerlich fielen die Maschinen durch den Serientank

des S 50, einem längeren Radstand und hydraulisch gedämpften Teleskopgabeln auf. Wie bei den Werksmaschinen war der Rahmen durch einen Doppelschleifen-Unterzug verstärkt worden.
Gegen die Werksrenner wirkten die Kleinserien-Fahrzeuge inzwischen brav und bieder. Und dieser Eindruck verstärkte sich im Laufe der Jahre noch, da auch die Auseinandersetzungen im internationalen Motorrad-Geländesport zu immer intensiveren Materialschlachten der Hersteller wurden.
Während sich Simson Mitte der siebziger Jahre völlig aus der 50-ccm-Klasse zurückzog, setzte man 1976 erstmals die 125-ccm-Maschine zu Europameisterschaftsläufen ein, ohne jedoch ganz vorne mitfahren zu können. Aber der Entwicklungsweg erwies sich als richtig und zukunftsträchtig.
Für die Saison 1978 überarbeiteten die Techniker die Werksmaschinen im Detail. Dabei war die Leistungssteigerung von sekundärer Bedeutung, wenngleich die GS 75 jetzt bis zu 17 PS und der 100-ccm-Drehschiebermotor maximal 23 PS bei 10.000/min leisten konnten. Der nochmals verlängerte Radstand mit extrem schräg gestellter Hinterradfederung, ein auf 240 mm verlängerter Federweg der Telegabel, wuchtige Stollenreifen und ein riesiger Auspuffkrümmer waren einige Punkte des 78er Paketes.

Stanislaw Olszewski (links) und Steffen Mauersberger, beide auf Simson GS 75, lieferten sich in den siebziger Jahren packende Zweikämpfe auf internationalen Pisten.

Bernd Lämmel, hier auf GS 100, war einer der Simson Hoffnungsträger zu Beginn der achtziger Jahre.

1981 kappte die Internationale Motorsportorganisation FIM endlich die zu inzwischen elf (!) Hubraumklassen ausgeuferten Geländesport-Wettbewerbe Six Days und Europameisterschaft um fünf Klassen. Simson betreffend waren von nun an die 75er und die 100er nicht mehr dabei. Dafür führten die Funktionäre die Klasse 80 ccm ein und stärkten die 125er. In letzterer Klasse zahlten sich die jahrelangen Bemühungen der Thüringer endlich aus: Während ein gutes 80er Modell nicht so schnell bereit stand, fuhr man ab 1982 mit den 125ern wieder an die Weltspitze.

Für die neuen Modelle griff Simson tief in den internationalen Enduro-Baukasten: Marzocchi-Telegabel vorn und Bilstein-Federbeine hinten, dazu Bing-Vergaser sowie Kotflügel und Reifen westlicher Hersteller. Eine HKZ-Zündanlage von Bosch lieferte die Funken zur richtigen Zeit. Das Ganze hielt ein aus dünnem Chrom-Molybdän-Rohr verschweißter Doppelschleifenrahmen zusammen, wobei das kräftige Zentralrohr, mit Schlitzen versehen, die Luft für das Gemisch ansaugte. Das Hinterrad hing an einer nadelgelagerten Schwinge. Die Sitzbank war weiter nach vorn verlängert, der Tank entsprechend geändert worden. Nach wie vor gab es bei der GS 80 die extreme Schrägstellung der hinteren Federbeine nicht. Die Motoren beider Modelle bauten auf den gleichen, über zehn Jahre zuvor entwickelten Grundtyp auf. Der schlitzgesteuerte Achtziger (78,3 ccm) schaffte 1983 bei 11.650/min 22 PS. Der Einlass des 125ers erfolgte mittels des auf der Kurbelwelle angeordneten Plattendrehschiebers. 30 PS bei 10.500/min wurden für den größeren Motor (123,2 ccm) gemessen. Beide Maschinen verfügten über ein angeflanschtes 7-Gang-Getriebe und eine 5-Scheiben-Ölbadkupplung. Je nach Übersetzung konnten die beiden Enduros bis zu 115 bzw. 135 km/h schnell sein.

Entsprechend veränderter Bedingungen im internationalen Motorrad-Geländesport, wo nicht mehr, wie vor Jahrzehnten, in erster Linie Ausdauer, Zähigkeit und Standfestigkeit gefragt waren, sondern kurze Sonderprüfungen auf der Sprintstrecke und im Moto-Cross-Acker über Sieg oder Niederlage entschieden, hatten sich die Enduro-Fahrzeuge immer mehr den Moto-Cross-Maschinen angenähert. Dem mussten natürlich die Konstrukteure von Geländesportmaschinen Rechnung tragen.

Diejenigen bei Simson hatten ihre Hausaufgaben gemacht und setzten ab 1986 eine neue 80er mit der Bezeichnung GS 80-7 WKH ein. In zweijähriger Entwicklungszeit war den Ingenieuren der Sportabteilung wahrlich ein Quantensprung gelungen. Die Grundkonzeption des Rahmens mit doppeltem Unterzug blieb erhalten, der Radstand verlängerte sich geringfügig auf 1480 mm. Völlig neu war die Hinterradfederung. Ein mit einem nadelgelagerten Hebelsystem verbundenes Zentralfederbein mit Billstein-Gasdruckdämpfer sorgte für 320 mm Radfederweg und Sicherheit gegen lästiges Durchschlagen. Die Hinterradschwinge blieb dabei nahezu unverändert. Für den Antrieb des Hinterrades verzichteten die Techniker (je nach Veranstaltung) erstmals auf die patentierte MZ-Kettenkapselung. Extremer Leichtbau war mehr denn je gefragt und so musste auch diese »Institution« ostdeutschen Motorradbaus weichen.

An der neuen Marzocchi-Gabel mit 38 mm Standrohr-Durchmesser hing links ein Brembo-Bremssattel, während die 200-mm-Bremsscheibe schwimmend an der Vorderradnabe befestigt war. Scheibenbremse und Zentralfederbein, früher bei den Fahrern für zu störanfällig im Gelände befunden, gehörten inzwischen zum guten Ton in der Enduro-Weltelite. Ebenso wie flüssigkeitsgekühlte Motoren. Und auch damit wartete die 80er (etwas später auch die 125er) jetzt auf. Dabei war der Motor nahezu unverändert geblieben und äußerlich höchstens an den verkürzten Rippen von Zylinder und Zylinderkopf

erkennbar. Außerdem hatten die Mechaniker eine Kühlmittelpumpe angebaut, die Flüssigkeit aus den beiden zwischen Tank und vorderem Kotflügel platzierten Alu-Behältern saugte. So gekühlt konnte der Motor höhere Drehzahlen vertragen und nun mit 12.000/min 24 PS an das Hinterrad abgeben.
1989 rüsteten die Mechaniker noch Up-Side-Down-Telegabeln der Firma White Power nach. Die hatten einen maximalen Federweg von 300 mm und konnten in der Dämpfung verstellt werden. Die Verzögerung des Vorderrades erledigten jetzt ein Zweikolben-Bremssattel und eine auf 240 mm Durchmesser vergrößerte Scheibe.
Im Jahr darauf bekam schließlich auch der 80er Motor einen Einlassdrehschieber. Mit jetzt noch mehr Leistung und mehr Zugkraft fuhr die Maschine zu einem der größten Erfolge der Simson-Sportgeschichte – dem Weltmeistertitel 1990.
Der Aufwand an Devisen, der nötig war, um die Simson-GS-Modelle in der Weltspitze mitfahren zu lassen, war für DDR-Verhältnisse inzwischen immens geworden. Das Ende des Sozialismus brachte zwar nun die D-Mark als legales Zahlungsmittel auch nach Suhl und zu den Simson-Einkäufern, die hatten damit allerdings Wichtigeres zu tun, als die kleine Sportabteilung am Leben zu halten. Die Schlacht auf Europas Geländesportfeldern war für immer geschlagen.

DIE GROSSEN ERFOLGE

Europameister (Europacup 1967, Weltmeister 1990)

Jahr	Fahrer	Hubraumklasse (ccm)
1967	Lothar Schünemann	75
1971	Dieter Salevsky	100
1974	Ewald Schneidewind	75
1975	Ewald Schneidewind	75
1976	Steffen Mauersberger	75
1979	Stanislav Olszewski	75
1980	Stanislav Olszewski	75
1984	Rolf Hübler	125
1985	Rolf Hübler	125
1990	Thomas Biberbach	80

INTERNATIONALE SECHS-TAGE-FAHRT

Jahr	Titel
1964	Silbervase
1982	Silbervase
1984	Silbervase
1987	Silbervase (Juniorenweltmeister)
1987	Trophy (Mannschaftsweltmeister mit MZ)

Simson GS 80 WKH in der Ausführung von 1987. In diesem Jahr leistete der wassergekühlte Motor 17 KW und beschleunigte die Maschine auf maximal 130 km/h. Hinter Schutzschildern waren die Wasserbehälter für die Flüssigkeitskühlung angebracht.

Thomas Biberbach und seine Simson GS 80 nach dem Erringen der Enduro-Weltmeisterschaft 1990. Danach musste Simson aus dem teuren Sportgeschäft aussteigen.

Rolf Hübler konnte in den achtziger Jahren zweimal den Europameistertitel erringen. Die Simson-Werksmaschinen waren inzwischen mit viel westlichem Know-How versehen, das enorme Summen an Devisen verschlang.

10

TECHNISCHE DATEN UND PRODUKTIONSZAHLEN

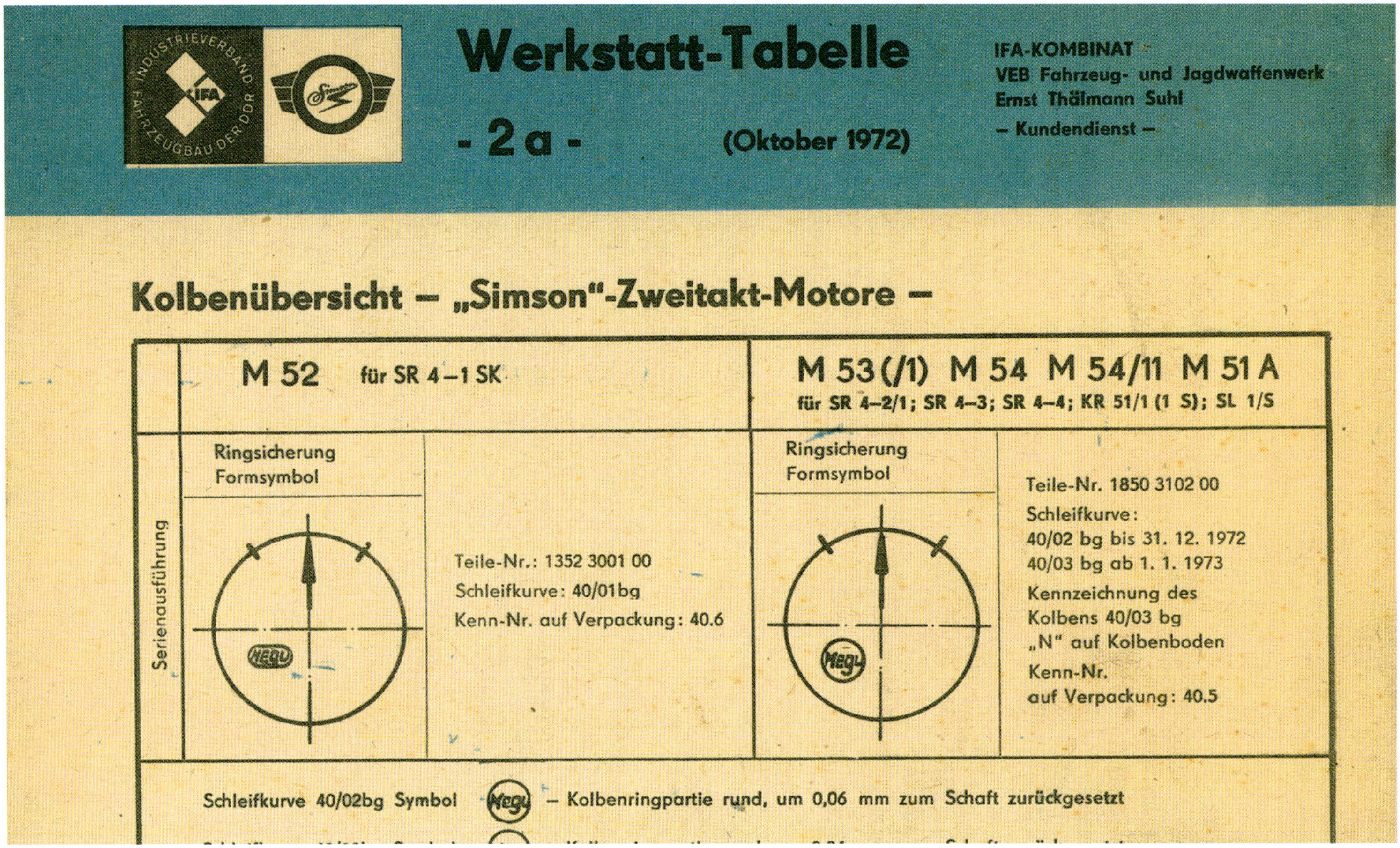

Werkstatt-Tabelle

- 2 a - (Oktober 1972)

IFA-KOMBINAT
VEB Fahrzeug- und Jagdwaffenwerk
Ernst Thälmann Suhl
– Kundendienst –

Kolbenübersicht – „Simson"-Zweitakt-Motore –

	M 52 für SR 4–1 SK		M 53(/1) M 54 M 54/11 M 51 A für SR 4–2/1; SR 4–3; SR 4–4; KR 51/1 (1 S); SL 1/S	
Serienausführung	Ringsicherung Formsymbol	Teile-Nr.: 1352 3001 00 Schleifkurve: 40/01bg Kenn-Nr. auf Verpackung: 40.6	Ringsicherung Formsymbol	Teile-Nr. 1850 3102 00 Schleifkurve: 40/02 bg bis 31. 12. 1972 40/03 bg ab 1. 1. 1973 Kennzeichnung des Kolbens 40/03 bg „N" auf Kolbenboden Kenn-Nr. auf Verpackung: 40.5

Schleifkurve 40/02bg Symbol – Kolbenringpartie rund, um 0,06 mm zum Schaft zurückgesetzt

Modell	SR 1	SR 2	SR 2E	KR 50	KR 51	KR 51F	KR 51/1
Motor	Rheinmetall-Zweitakt	Rheinmetall-Zweitakt	Rheinmetall-Zweitakt	Rheinmetall-Zweitakt	Simson-Zweitakt	Simson-Zweitakt	Simson-Zweitakt
Starter	Pedalkickstarter	Pedalkickstarter	Pedalkickstarter	Kickstarter	Kickstarter	Kickstarter	Kickstarter
Kühlung	Fahrtwind	Fahrtwind	Fahrtwind	Fahrtwind	Radialgebläse	Radialgebläse	Radialgebläse
Bohrung (mm)	38	38	38	38	40	40	40
Hub (mm)	42	42	42	42	39,5	39,5	39,5
Hubraum (ccm)	47,6	47,6	47,6	47,6	49,6	49,6	49,6
Verdichtung	6:1	7:1	ab 1962 7,5:1	7,5:1, ab 1963 8,5:1	9,5:1	9,5:1	9,5:1
Leistung (PS/min)	1,5/5000	1,5/5000	ab 1962 1,8/5500	2,1/5500, ab 1963 2,3/5500	3,4/6500	3,4/6500	3,6/5700
Getriebe	2-Gang, Handschaltung	2-Gang, Handschaltung	2-Gang, Handschaltung	2-Gang, Handschaltung	3-Gang, Handschaltung	3-Gang, Fußschaltung	3-Gang, Handschaltung
Vergaser	BVF NKJ 121-1	NKJ 122-4	NKJ 121-4	NKJ 132-0 (132-2)	BVF 16 N 1-5	BVF 16 N 1-5	BVF 16 N 1-5
Tankinhalt (l)	4,5	6	6	6,3	6,8	6,8	6,8
Rahmen	Zentralrohr	Zentralrohr	Zentralrohr	Doppelrohr	Doppelrohr	Doppelrohr	Doppelrohr
Bereifung	26 x 2,00	23 x 2,25	23 x 2,25	20 x 2,25, ab 1959 16 x 2,50	20 x 2,75	20 x 2,75	20 x 2,75
Bremse vorn/hinten	Innenbacken	Innenbacken	Innenbacken	Innenbacken	Vollnaben	Vollnaben	Vollnaben
Federung vorn	Schwinghebel mit Gummipuffern	Schwinghebel mit Gummipuffern	Kurzschwinge auf Schraubenfedern	Schwinghebel mit Gummipuffern, ab 1959 Kurzschwinge auf Schraubenfedern	Langschwinge mit Federbein	Langschwinge mit Federbein	Langschwinge mit Federbein
Federung hinten	Schwinge mit Gummipuffern	Schwinge mit Gummipuffern	Schwinge mit Gummipuffern	Schwinge mit Federbein	Langschwinge mit Federbein	Langschwinge mit Federbein	Langschwinge mit Federbein
Eigengewicht (kg)	51	54	55	63, ab 1962 68	79	79	80
Höchstgeschwindigkeit (km/h)	45	45	45	50	60	60	60
Bauzeit	1955–1957	1957–1959	1959–1964	1958–1964	1964–1968	1965–1968	1968–1971
Stückzahl	152 000	390 000	515 000	164 5000	163 500		25 000

Modell	KR 51/1F	KR 51/1S	KR 51/1K	KR 51/2N	KR 51/2E	KR 51/2L
Motor	Simson-Zweitakt	Simson-Zweitakt	Simson-Zweitakt	Simson-Zweitakt	Simson-Zweitakt	Simson-Zweitakt
Starter	Kick	Kick	Kick	Kick	Kick	Kick
Kühlung	Radialgebläse	Radialgebläse	Radialgebläse	Fahrtwind	Fahrtwind	Fahrtwind
Bohrung (mm)	40	40	40	38	38	38
Hub (mm)	39,5	39,5	39,5	44	44	44
Hubraum (ccm)	49,6	49,6	49,6	49,8	49,8	49,8
Verdichtung	9,5:1	9,5:1	9,5:1	9,5:1	9,5:1	9,5:1
Leistung (PS/min)	3,6/5750	3,6/5750	3,6/5750	3,7/5500	3,7/5500	3,7/5500
Getriebe	3-Gang, Fußschaltung	3-Gang, Automatik	3-Gang, Fußschaltung	3-Gang, Fußschaltung	4-Gang, Fußschaltung	4-Gang, Fußschaltung
Vergaser	BVF 16 N 1-5	BVF 16 N 1-5	BVF 16 N 1-5	BVF 16 N 1-12	BVF 16 N 1-12	BVF 16 N 1-12
Tankinhalt (l)	6,8	6,8	6,8	6,8	6,8	6,8
Rahmen	Doppelrohr	Doppelrohr	Doppelrohr	Doppelrohr	Doppelrohr	Doppelrohr
Bereifung	20 x 2,75	20 x 2,75	20 x 2,75	20 x 2,75	20 x 2,75	20 x 2,75
Bremse vorn/hinten	Vollnaben	Vollnaben	Vollnaben	Vollnaben	Vollnaben	Vollnaben
Radführung vorn	Langschwinge mit Federbein					
Radführung hinten	Langschwinge mit Federbein					
Eigengewicht (kg)	80	83,5	80	80	81,5	81,5
Höchstgeschwindigkeit (km/h)	60	60	60	60	60	60
Bauzeit	1968–1980	1968-1080	1974–1980	1979–1986	1979–1986	1979–1986
Stückzahl	350 000	44 600	185 000	90 800	124 500	84 900

Modell	Spatz SR 4-1P	Spatz SR 4-1K	Spatz SR 4-1SK	Star SR 4-2	Star SR 4-2/1	Sperber SR 4-3	Habicht SR 4-4
Motor	Rheinmetall-Zweitakt	Rheinmetall-Zweitakt	Simson-Zweitakt	Simson-Zweitakt	Simson-Zweitakt	Simson-Zweitakt	Simson-Zweitakt
Starter	Pedalkickstarter	Kick	Kick	Kick	Kick	Kick	Kick
Kühlung	Fahrtwind	Fahrtwind	Fahrtwind	Radialgebläse	Radialgebläse	Fahrtwind	Radialgebläse
Bohrung (mm)	38	38	40	40	40	40	40
Hub (mm)	42	42	39,5	39,5	39,5	39,5	39,5
Hubraum (ccm)	47,6	47,6	49,6	49,6	49,6	49,6	49,6
Verdichtung	8,5:1	8,5:1	8,5:1	9,5:1	9,5:1	9,5:1	9,5:1
Leistung (PS/min)	2/5200	2/5200	2,3/5250	3,4/6500	3,4/5750	4,6/6750	3,4/5750
Getriebe	2-Gang, Handschaltung	2-Gang, Handschaltung	2-Gang, Handschaltung	3-Gang, Fußschaltung	3-Gang, Fußschaltung	4-Gang, Fußschaltung	4-Gang, Fußschaltung
Vergaser	BVF NKJ 134-1	BVF NKJ 134-1	NKJ 134-3	NKJ 153-6 (16 N1-1 ab 1965)	16 N1-6	16 N1-3	16 N1-6
Tankinhalt (l)	8,5	8,5	8,5	8,5	8,5	9,5	9,5
Rahmen	Zentralrohr-Schalenrahmen	Zentralrohr-Schalenrahmen	Zentralrohr-Schalenrahmen	Zentralrohr-Schalenrahmen	Zentralrohr-Schalenrahmen	Zentralrohr-Schalenrahmen, verstrebt	Zentralrohr-Schalenrahmen, verstrebt
Bereifung	20 x 2,75	20 x 2,75	20 x 2,75	20 x 2,75	20 x 2,75	20 x 2,75	20 x 2,75
Bremse vorn/hinten	Innenbacken/ Vollnaben	Innenbacken/ Vollnaben	Innenbacken/ Vollnaben	Vollnaben	Vollnaben	Vollnaben	Vollnaben
Radführung vorn	Kurzschwinge auf Schraubenfedern	Kurzschwinge auf Schraubenfedern	Kurzschwinge auf Schraubenfedern	Langschwinge mit Federbein	Langschwinge mit Federbein	Langschwinge mit Federbein	Langschwinge mit Federbein
Radführung hinten	Langschwinge mit Federbein						
Eigengewicht (kg)	65	68	68	73	73	80	79
Höchstgeschwindigkeit (km/h)	50	50	50	60	60	75	60
Bauzeit	1964–1967	1964–1966	1967–1970	1964–1970	1968–1975	1966–1972	1971–1975
Stückzahl	30 000	122 000		505 800		80 000	77 200

Modell	Mofa SL 1	Mofa SL 1S	S 50N	S 50B	S 50B1	S 50B2
Motor	Simson-Zweitakt	Simson-Zweitakt	Simson-Zweitakt	Simson-Zweitakt	Simson-Zweitakt	Simson-Zweitakt
Starter	Pedaltrieb	Pedaltrieb	Kick	Kick	Kick	Kick
Kühlung	Fahrtwind	Fahrtwind	Fahrtwind	Fahrtwind	Fahrtwind	Fahrtwind
Bohrung (mm)	40	40	40	40	40	40
Hub (mm)	39,5	39,5	39,5	39,5	39,5	39,5
Hubraum (ccm) 49,6	49,6	49,6	49,6	49,6	49,6	
Verdichtung	8:1	8:1	9,5:1	9,5:1	9,5:1	9,5:1
Leistung (PS/min) 1,6/4000	1,6/4000		3,6/5500	3,6/5500	3,6/5500	3,6/5500
Getriebe	1-Gang, Automatik	1-Gang, Automatik	3-Gang, Fußschaltung	3-Gang, Fußschaltung	3-Gang, Fußschaltung	3-Gang, Fußschaltung
Vergaser	BVF 11 N1-1	BVF 11 N1-1	BVF 16 N1-8	BVF 16 N1-8	BVF 16 N1-8	BVF 16 N1-8
Tankinhalt (l)	3,2	3,2	9,5 (ab 1978 8,7)	9,5 (ab 1978 8,7)	9,5 (ab 1978 8,7)	9,5 (ab 1978 8,7)
Rahmen	Kasten-Trägerrahmen	Kasten-Trägerrahmen	Zentralrohr	Zentralrohr	Zentralrohr	Zentralrohr
Bereifung	20 x 2,25	20 x 2,25	16 x 2,75	16 x 2,75	16 x 2,75	16 x 2,75
Bremse vorn/hinten	Trommel	Trommel	Vollnabe	Vollnabe	Vollnabe	Vollnabe
Radführung vorn	starre Gabel	Kurzschwinge auf Schraubenfedern	Teleskopgabel	Teleskopgabel	Teleskopgabel	Teleskopgabel
Radführung hinten	starre Aufhängung	starre Aufhängung	Langschwinge mit Federbeinen			
Eigengewicht (kg)	38,5	40	76,5	81	81	81
Höchstgeschwindigkeit (km/h)	30	30	60	60	60	60
Bauzeit	1970–1971	1971–1972	1975–1980	1975–1976	1976–1980	1976–1980
Stückzahl	60 200		86 300	81 400	287 000	125 000

Modell	S 51N	S 51B1-3	S 51B1-4	S 51B2-4	S 51E/ S 51EII	S 51E/4	S 51C
Motor	Simson-Zweitakt	Simson-Zweitakt	Simson-Zweitakt	Simson-Zweitakt	Simson-Zweitakt	Simson-Zweitakt	Simson-Zweitakt
Starter	Kick	Kick	Kick	Kick	Kick	Kick	Kick
Kühlung	Fahrtwind	Fahrtwind	Fahrtwind	Fahrtwind	Fahrtwind	Fahrtwind	Fahrtwind
Bohrung(mm)	38	38	38	38	38	38	38
Hub (mm)	44	44	44	44	44	44	44
Hubraum (ccm)	49,8	49,8	49,8	49,8	49,8	49,8	49,8
Verdichtung	9,5:1	9,5:1	9,5:1	9,5:1	9,5:1	9,5:1	9,5:1
Leistung (PS/min)	3,7/5500	3,7/5500	3,7/5500	3,7/5500	3,7/5500	3,7/5500	3,7/5500
Getriebe	3-Gang, Fußschaltung	3-Gang, Fußschaltung	4-Gang, Fußschaltung	4-Gang, Fußschaltung	4-Gang, Fußschaltung	4-Gang, Fußschaltung	4-Gang, Fußschaltung
Vergaser	BVF 16 N3-4	BVF 16 N3-4	BVF 16 N3-4	BVF 16 N3-4	BVF 16 N3-4	BVF 16 N3-4	BVF 16 N3-4
Tankinhalt (l)	8,7	8,7	8,7	8,7	8,7	8,7	8,7
Rahmen	Zentralrohr	Zentralrohr	Zentralrohr	Zentralrohr	Zentralrohr mit Unterzug	Zentralrohr mit Unterzug	Zentralrohr
Bereifung	16 x 2,75	16 x 2,75	16 x 2,75	16 x 2,75	16 x 2,75	16 x 2,75	16 x 2,75
Bremse vorn/hinten	Vollnaben	Vollnaben	Vollnaben	Vollnaben	Vollnaben	Vollnaben	Vollnaben
Radführung vorn	Teleskopgabel	Teleskopgabel	Teleskopgabel	Teleskopgabel	Teleskopgabel	Teleskopgabel	Teleskopgabel
Radführung hinten	Langschwinge mit Federbeinen						
Eigengewicht (kg)	75,5	79,5	79,5	79,5	83	80	82
Höchstgeschwindigkeit km/h	60	60	60	60	60	60	60
Bauzeit	1980–1987	1980–1988	1980–1989	1980–1989	1982–1988/ 1987–1988	1984–1988	1983–1989
Stückzahl	103 000	242 000	360 600	305 100	160 000		31 000

Modell	S 51/1B	S 51/1C1	S 51/1E1/ S 51/1E	S 51/1C	S 70C	S 70E/ S 70EII	S 70/1E
Motor	Simson-Zweitakt	Simson-Zweitakt	Simson-Zweitakt	Simson-Zweitakt	Simson-Zweitakt	Simson-Zweitakt	Simson-Zweitakt
Bauart	Kick	Kick	Kick	Kick	Kick	Kick	Kick
Kühlung	Fahrtwind	Fahrtwind	Fahrtwind	Fahrtwind	Fahrtwind	Fahrtwind	Fahrtwind
Bohrung(mm)	38	38	38	38	45	45	45
Hub (mm)	44	44	44	44	44	44	44
Hubraum (ccm)	49,8	49,8	49,8	49,8	69,9	69,9	69,9
Verdichtung	9,5:1	9,5:1	9,5:1	9,5:1	10,5:1	10,5:1	10,5:1
Leistung (PS/min)	3,7/5500	3,7/5500	3,7/5500	3,7/5500	5,6/6000	5,6/6000	5,6/6000
Getriebe	4-Gang, Fußschaltung	4-Gang, Fußschaltung	4-Gang, Fußschaltung	4-Gang, Fußschaltung	4-Gang, Fußschaltung	4-Gang, Fußschaltung	4-Gang, Fußschaltung
Vergaser	BVF 16 N3-4	BVF 16 N3-4	BVF 16 N3-4	BVF 16 N3-4	BVF 16 N3-5	BVF 16 N3-5	BVF 16 N3-5
Tankinhalt (l)	8,7	8,7	8,7	8,7	8,7	8,7	8,7
Rahmen	Zentralrohr	Zentralrohr	Zentralrohr mit Unterzug	Zentralrohr	Zentralrohr mit Unterzug	Zentralrohr mit Unterzug	Zentralrohr mit Unterzug
Bereifung	16 x 2,75	16 x 2,75	16 x 2,75	16 x 2,75	16 x 2,75	16 x 2,75	16 x 2,75
Bremse vorn/hinten	Vollnaben	Vollnaben	Vollnaben	Vollnaben	Vollnaben	Vollnaben	Vollnaben
Radführung vorn	Teleskopgabel	Teleskopgabel	Teleskopgabel	Teleskopgabel	Teleskopgabel	Teleskopgabel	Teleskopgabel
Radführung hinten	Langschwinge mit Federbeinen						
Eigengewicht (kg)	78,5	79,5	83,5	82,5	82,5	84	84
Höchstgeschwindigkeit km/h	60	60	60	60	75	75	75
Bauzeit	1989–1990	1989–1990	1989–1990	1989–1990	1983–1988	1983–1988/ 1985–1989	1989–1990
Stückzahl	91 500	k. A.	53 500	81 750	20 000	12 900	4350

Modell	SR 50N	SR 50B3	SR 50B4	SR 50C	SR 50 CE	SR 50/1B	SR 50/1C
Motor	Simson-Zweitakt	Simson-Zweitakt	Simson-Zweitakt	Simson-Zweitakt	Simson-Zweitakt	Simson-Zweitakt	Simson-Zweitakt
Starter	Kick	Kick	Kick	Kick	Elektrostarter	Kick	Kick
Kühlung	Fahrtwind	Fahrtwind	Fahrtwind	Fahrtwind	Fahrtwind	Fahrtwind	Fahrtwind
Bohrung (mm)	38	38	38	38	38	38	38
Hub (mm)	44	44	44	44	44	44	44
Hubraum (ccm)	49,8	49,8	49,8	49,8	49,8	49,8	49,8
Verdichtung	9,5:1	9,5:1	9,5:1	9,5:1	9,5:1	9,5:1	9,5:1
Leistung (PS/min)	3,7/5500	3,7/5500	3,7/5500	3,7/5500	3,7/5500	3,7/5500	3,7/5500
Getriebe	3-Gang, Fußschaltung	3-Gang, Fußschaltung	4-Gang, Fußschaltung	4-Gang, Fußschaltung	4-Gang, Fußschaltung	4-Gang, Fußschaltung	4-Gang, Fußschaltung
Vergaser	BVF 16 N3-2	BVF 16 N3-2	BVF 16 N3-2	BVF 16 N3-2	BVF 16 N3-2	BVF 16 N3-2	BVF 16 N3-2
Tankinhalt (l)	6,5	6,5	6,5	6,5	6,5	6,5	6,5
Rahmen	Blech-Formteil-Rahmen						
Bereifung	3,00-12 R	3,00-12 R	3,00-12 R	3,00-12 R	3,00-12 R	3,00-12 R	3,00-12 R
Bremse vorn/hinten	Vollnabe	Vollnabe	Vollnabe	Vollnabe	Vollnabe	Vollnabe	Vollnabe
Radführung vorn	Teleskopgabel	Teleskopgabel	Teleskopgabel	Teleskopgabel	Teleskopgabel	Teleskopgabel	Teleskopgabel
Radführung hinten	Langschwinge mit Federbein						
Eigengewicht (kg)	80	82	82,5	86	88	83	87
Höchstgeschwindigkeit	60	60	60	60	60	60	60
Bauzeit	1986–1987	1986–1989	1986–1989	1987–1989	1986–1988	1989–1990	1989–1990
Stückzahl	6740	96 430		16 750	7300	51 350	20 380

Modell	SR 50/1CE	SR 80CE	SR 80/1CE	S 53N	S 53B	S 53C	S 53E
Motor	Simson-Zweitakt	Simson-Zweitakt	Simson-Zweitakt	Simson-Zweitakt	Simson-Zweitakt	Simson-Zweitakt	Simson-Zweitakt
Starter	Elektro	Elektro	Elektro	Kick	Kick	Kick	Kick
Kühlung	Fahrtwind	Fahrtwind	Fahrtwind	Fahrtwind	Fahrtwind	Fahrtwind	Fahrtwind
Bohrung (mm)	38	45	45	38	38	38	38
Hub (mm)	44	44	44	44	44	44	44
Hubraum (ccm)	49,8	69,9	69,9	49,8	49,8	49,8	49,8
Verdichtung	9,5:1	10,5:1	10,5:1	9,5:1	9,5:1	9,5:1	9,5:1
Leistung (PS/min)	3,7/5500	5,6/6000	5,6/6000	3,7/5500	3,7/5500	3,7/5500	3,7/5500
Getriebe	4-Gang, Fußschaltung						
Vergaser	BVF 16 N3-2	16 N3-3	16 N3-3	BVF 16 N3-2	BVF 16 N3-2	BVF 16 N3-2	BVF 16 N3-2
Tankinhalt (l)	6,5	6,5	6,5	8,7	8,7	8,7	8,7
Rahmen	Blech-Formteil-Rahmen	Blech-Formteil-Rahmen	Blech-Formteil-Rahmen	Zentralrohr	Zentralrohr	Zentralrohr mit Unterzug	Zentralrohr mit Unterzug
Bereifung	3,00-12 R	3,00-12 R	3,00-12 R	16 x 2,75	16 x 2,75	16 x 2,75	16 x 2,75
Bremse vorn/hinten	Vollnaben	Vollnaben	Vollnaben	Vollnaben	Vollnaben	Vollnaben	Vollnaben
Radführung vorn	Teleskopgabel	Teleskopgabel	Teleskopgabel	Teleskopgabel	Teleskopgabel	Teleskopgabel	Teleskopgabel
Radführung hinten	Langschwinge mit Federbeinen						
Eigengewicht (kg)	88,5	88,5	89	78	81	83	83
Höchstgeschwindigkeit	60	75	75	60	60	60	60
Bauzeit	1989–1990	1987–1988	1989–1990	1990–1994	1990–1994	1990–1994	1990–1994
Stückzahl	4500	1880	950	7500 (alle S 53 bis Ende 1991)			